亲密关系急救箱

Relationship Emergency Kit: Uncommon Wisdom for All Relationships

［美］恰克·斯佩扎诺博士（Chuck Spezzano, Ph.D.）／著
孙翼蓁 非语／译

中国青年出版社

前　言

亲密关系是人生的核心课题，与活出个人使命这个目的有密不可分的关系。每一段亲密关系都有一个目的，且亲密关系带来的快乐和疗愈是我们人生使命的关键。当关系陷入困境时，八成是我们正利用关系来逃避自己的人生使命。几乎每一个人都曾经历过关系的困境，然而，拥有幸福快乐的亲密关系是让我们活出充实且心满意足的人生的最有益且最迅速的方式。

我出生在一个还算幸福的家庭，这个幸福的家庭却最终破碎，只是为家中的每一份子徒留了一份痛苦。打从那时，我渐渐变得解离而独立，成为大家追求的那个模样，也迈入了一段段令人心碎的关系。最终，我突破了自己的解离与独立，踏入伙伴关系和婚姻。现在，我将穿越这些阶段所学习到的一切，用来帮助全球成千上万人转化他们关系中的问题。

关系是交替出现的连续状态，可以是天堂，也可以是地狱。多数情况下，关系都不在天堂，但关系本来却是通往天堂的阶梯，它可以为我们提供一条加速抵达天堂的路径。因为透过爱和疗愈而产生的喜悦，自然而然就可以让关系成为

目 录

1

通过关系各阶段达成伙伴关系

在第一章中，我要介绍一个观念：关系会经历各个阶段。一旦你知道，自己的关系将随着关系演化的过程，经历各种起伏以及形形色色的曲折状况，你就将获得真实的力量并懂得觉察，领悟到你有力量度过难关，而且在渡过难关以后，更多的美好时光正等待着你。此外，本章还囊括了使你在关系中更加顺遂的原则。

会拯救你的是爱，而且你付出的爱和你领受的爱将会支持你，使你的生命有意义。你之所以会展开一段关系，是因为你被对方所吸引，对方似乎是你所欠缺的那一片拼图，是你内心的渴望、你的灵魂伴侣。两人的差异愈大，相反特质愈多，就会有愈多的激情。正因有差异，所以你需要对方以及对方所代表的一切。你爱上对方了，进入了浪漫期（Romance Stage）。这是两人关系中美妙而快乐的时光！你可以看到这份关系的潜力，那是一种有如尝到人间天堂滋味的感觉。你精力充沛，已为即将到来的各阶段做好准备。

关系的第二个阶段是权力斗争期（Power Struggle

Stage)，这时，促成你们俩彼此吸引的所有差异全都成为两人争执、对抗的课题。孩提时代，你否认了自己的许多部分，然后，当你遇见你的伴侣，对方似乎具体展现了你所失去的一切——从某个角度看，伴侣是使你完整的那个部分。当关系继续演进下去，而你的伴侣似乎并不那么乐意再继续满足你的需求，你就开始向对方索取。你可以透过情绪、性爱、金钱和许多其他领域来索取，不过你往往不会觉察到自己是在做这样的事。现在，另一半对自己曾经乐意付出的部分，开始有了抗拒，因此导致依赖方需索无度、肆意强求，而独立方变得想要主导并掌控两人的关系。在某些关系中，度过浪漫期最初的蜜月阶段以后，你便开始将自己的心魔逐步投射到另一半身上，于是，对方不再是你的意中人，反而成为你的梦魇。这表示，伴侣在你面前的行为和表现不仅与伴侣自身有关，也与你有关。这样的明白将赐予你力量，得以改变你的心灵并帮助你的伴侣。这样的疗愈之路将让你获得接连不断的甜美蜜月。

本书的宗旨在于告诉读者，如何运用关系作为疗愈和幸福快乐的途径。愈深入关系，你学到的功课就愈多。在权力斗争期，关系上的功课包括搭起通往伴侣的桥梁、整合你们的差异、藉由疗愈自己分裂的心灵进而疗愈两人内在的冲突。分裂的心灵会创造出内在和两人之间的冲突，当这些冲突被疗愈了，就会出现一条最适合你们的全新出路。这份解答让你能够跨出关系中你原本害怕跨出的下一步。在这个阶段，你学会成熟处理自己的需求、尊重两人的差异，同时享受更大的完整与更多的连结。随着向前踏出的每一步，你将成为更好的伴侣，而且迟早，这种不断向前的精神会成为你身上所具备的最吸引你伴侣的地方。

在此，你学习到关系中最重要的两项功课：其一，如何穿越独立期/依赖期；其二，你所付出的，正是能满足你需求的。如果你是在对抗，就不是在付出；你将防卫重重、自以为是，因此，不会懂得感激别人为你付出的。如果你不是在付出，就会走向分裂、攻击或强求，而这些都只会妨碍你在关系中体验到满足与成功。

假使你们的权力斗争期不长，因为两人的关系比较兼容，那你们耗在死亡区期（Dead Zone Stage）的时间将会比较长。在这个阶段，你们会在阻止两人能够真实结合的所有防卫、角色以及家庭关系的课题中进行疗愈。虽然这些课题大部分是属于潜意识的，不过你总是可以运用觉知的疗愈工具，帮助自己向前跃进。

通过死亡区期后，就来到伙伴关系期（Partnership Stage）。这是个美妙的阶段，不过在每一个阶段，你们都会在更深的层次上重温先前的阶段，并享受因为成功而获得的蜜月。那时，将有一份于你而言全新的自在和亲密以及无忧无虑的感觉，使你们俩享受着关系内外的成功。享受过一季的“黄金夏天”之后，你们将开始探索无意识课题。这些是小我将你与爱以及更大的成功分隔开来的核心面向，如今被带进关系中等待转化；你将会疗愈小我的不自然、羞愧和自我折磨等不断使你与伴侣以及其他人分裂的部分。假使通过这个阶段，你、你的伴侣和关系本身将会来到领袖力期（Leadership Stage），你们将运用两人的关系激励他人。在关系的愿景期（Vision Stage），你们开始疗愈自己灵魂层面的恐惧，最终疗愈心灵上的巨大分裂。你们过着有创意的生活，体验着拥有愿景的伙伴关系。在愿景期中，你领悟到个人的生命目的（这一生来这里所要成就的），以及你们两人关系的伟大目的。这开辟出一条超越一切的通道，随着你们重拾更完整、更原始的心灵，它将为你们启蒙，使你们的了悟进入更高的意识层次。就这样，你们的关系被开发出具有非凡天赋与高阶创意和才华的礼物。你的爱为你的挚爱以及全人类结出果实。你们两人的亲密关系成为其他人的门户，穿越它，就踏进黄金般的未来。

假使你们来到大师期（Mastery Stage），因为你们两人已经疗愈了许多无意识的失败、无价值感、自我仇恨，放弃了所有的攻击，因此周遭延伸出更伟大的平安的感觉。因而，你们和你们的关系就被注入了恩典和奇迹。你、你的伴侣和你们的关系已经成为人世间活生生的宝藏，你们拥抱了自己身而为“灵”的天命。你们变得更无害，明白自己和每一个人都是神的孩子，配得上一切美好。有些人独自成就大师期，不过和伴侣共同臻至大师期的例子的确十分罕见。

一般人似乎最常低估的是从浪漫期到达伙伴关系期所需历经的时间。两人每一次共同突破之后，都会有一段崭新的蜜月，帮助双方忆起最初深爱另一半的那份浪漫。随着意识的进步，改变加快，蜜月与蜜月之间的时间也跟着缩短。经历美妙动人的结合或浪漫的一夜后，翌日清晨，下一个课题已经浮上台面，这时，可别错愕。在死亡区，你的蜜月可能只能持续几分钟，下一个阴暗情绪或死寂就会出现，正等待被疗愈。因此，每一次突破所产生的浪漫感觉出现时，请好好享用！因为不久，你又得面对下一个课题。

假使两人属于激情型关系，那你们的权力斗争期可能有数千步要走，然后只要再经历另外一千步左右，就能通过死亡区期，来到伙伴关系期。如果是兼容型的关系，权力斗争期要走的时间就相对较短，而死亡区期要跨越的距离则大了许多。

虽然关系中的问题看似出现在现在，但这些问题早在你遇见伴侣之前就与你同在。若不是另一半的出现，你绝对没有勇气好好面对这些问题。你可以运用两人关系中的爱克服每一个关系问题，而每一个问题又都会提供另一次机会，达成更大的连结。

你和你的伴侣都在环绕两人关系的椭圆形轨道上运行，轨道内部是你和伴侣结合的地方。在椭圆形轨道外端，双方很容易变得对彼此失去兴趣，进而分手。可是如果你做对了哪件事，这个轨道就会将你转向你的伴侣，回到更为长久的全新浪漫期，直到椭圆形再度将你们往外甩。每次回到伴侣身边，你们就会享受一段蜜月。假以时日，除非你们被某个陷阱困住，否则你们的轨道将缩小、变短。坚持对抗将导致更大的权力竞赛，如此向下盘旋的趋势恐怕会结束这段关系。在这样的状况下，没有人能赢，尽管其中一方掌控局面。你们两人之中，任一方都可以抱以正念，以真实、勇敢、宽大的态度行事，提升意识的层次，结束对抗，带来崭新的蜜月。

以下几个有助于建立伙伴关系的原理原则，是内人和我多年来担任婚姻咨询顾问、教练和训练师时所发现的。

不管怎样，你唯一该走的属真（编者注：符合真理的）方向就是迎向你的伴侣。不断迎向对方，尤其在有问题的时候更要如此。问题禁不起一个全新层次的亲密。将你们的关系放在第一顺位。当你将两人的关系放在第一顺位，朝伴侣跨出的每一步都将为你带来迈向成功的新步伐。你们的关系，如果已经超越了竞争，就会壮大你的事业。

绝不做出伤害伴侣的事情。此外，平时说话、做事，绝对要当作伴侣就在身边。这会帮助你维持你们的关系和你的诚信。

有许多机会可以促进你的关系。因为关系问题是所有问题的根源，每当你提升你的关系，你就壮大了自己的事业和人生。每一个小放纵，无论是食物、饮酒、毒品、幻想、色情书报、外遇、加班、情绪、抱怨或攻击，都是在丧失促进关系的机会。放纵的程度与你迈向全新的连结的层面并因此得以享受的程度成正比。你的小我想要使你分神，耽搁你，因为在每一个全新的亲密层次，都有更多的爱和更少的小我。

伴侣有麻烦时，要伸出援手。如果可以做些具体的事帮忙，那是再好不过了，但最重要的是：要爱对方、支持对方。他们有必要疗愈自己，但你的爱能使一切大不相同，因为任何问题都只是缺乏自爱。你的爱可以提供欠缺的那个部分，重新燃起对方本身的自爱。

对自己的情绪和自己的经验负起责任。假使不这么做，你将责怪、抱怨、攻击并受害，这些全都是你自己这一方想要进行权力斗争的表现，只有软弱方才会这样。当然，你也可以进而改选力量与责任。

△

软弱有三大理由。其一，你相信自己软弱。你可以单纯地停止为自己软弱的信念投资，改而投资你想要的信念。其二，你想要软弱，因为软弱是小我的策略，为的是要满足需求、躲藏，让事情按照你的意思进行，或进行报复。其三，你已经将软弱奉为假神，误以为偶像将拯救你或使你快乐，因此你忠诚拥戴它。你可以放下你的软弱偶像和所有错误的小我策略与投资，如此，你才能够拥有为你带来真正幸福快乐的事物。偶像是深层的无意识模式，人利用它作为对抗神的一部分，但以“软弱”为偶像，绝不会使我们快乐。

你愈不对自己的经验负起责任，你的举止表现就愈显得不成熟。假使你不成熟，就会将沉重的负担加诸在你的关系上，把关系搞得全都只关乎你自己。你情绪放纵的程度通常等同于另一半解离（编者注：自我分裂）的程度。我发现，情绪放纵是女人面对的一大诱惑，就像解离是男人面对的一大诱惑一样。假使女人放弃自己的放纵和软弱，她将站上自己的位置，成为关系中纯然天成的指导者，结果，这份关系和伴侣双方都必将茁壮成长。

对自己的情绪负责是一大步。每当感觉很糟时，你就会体验到想对周遭人发飙并因自己的体验而怪罪他人的感觉。假使不对自己负起责任，你就无法爱自己，也就无法让自己快乐。然而，你却会期待伴侣来爱你，而你的强求终将成为累赘。

一旦你对自己和自己的情绪负起责任，成熟和有力量的下一步表现就是对伴侣的情绪负起责任。伴侣表现出的是你埋藏在下意识中的东西，假使你不帮助他们穿越眼前的痛苦，最终你肯定会经历同样的情绪。你可以体验自己的情绪而不利用情绪当武器或进行情绪勒索。如果你用情绪来控制，无论是透过伤害、罪疚或愤怒，你也许得以操纵并赢得一场场小战役，但铁定输掉整场战争。

因为你自觉配不上透过操纵或控制所得到的任何事物，所以必须再三尝试，目的是要得到更多，并要另一半证明你值得人爱。这对关系可是极具破坏力的，因为你企图索取的放纵行径会将伴侣推开。现在，该是你对自己并对情绪给出成熟的承诺的时候了。愿意承担责任的意愿会让两人的关系大不相同，当你这么做，自然等于邀请伴侣也这么做。

当你接触到情绪痛苦时，单纯地感觉它就行了。你甚至可以夸大它，这样就能够更快速地穿越，同时仍旧举止成熟。当你有勇气感觉自己的情绪时，你将有同等的勇气去感觉喜悦。这么一来，你将会敞开心扉，看重自己的阴柔面，有能力领受更多，平衡自己的阳性和阴性能量，与伴侣平等相待，并将两人的关系提升到伙伴关系期。

对平等承诺。平等让你们的关系平衡，并增加两人之间的爱。关系中的对抗和死寂是不平等造成的结果。你对平等所做的承诺将会平衡你们的关系，而你率先承诺所带出的力量会推动你前进。

不要将伴侣的行为或心境个人化，那些行为或心境并不是针对你的。即使对方似乎正在攻击你，但这个模式早在对方认识你以前就建立了。伴侣不见得要抛弃你、抗拒你、让你心碎，或企图征服你。那些头脑中的声音是你对对方动机的诠释，只是道出了更多你的心灵状态而非对方的。假使你将对方的行为或心境个人化，你就会受更多苦，同时错过对方透过行为所发出的求救呼声。假使你听见对方的求救呼声，你将能够全神贯注地帮助对方，进而转化问题，同时你还是要积极面对自己内在被牵动的任何过往的痛苦。

以上只是建立成功关系的几个关键原则，后续章节将会提出更多这样的原则。

2

呼求奇迹

这是简单但强有力的一章，此章谈论的是轻而易举改变关系，以及为奇迹开路的必备事项。

这一课不难，你只要呼求奇迹即可。不论你是否有任何的灵性信念，都无关紧要，你只要呼求奇迹即可。每当你觉得又快要产生担忧时，就呼求奇迹吧！与其觉得害怕、负罪或受伤，不如呼求奇迹。当你就寝时，呼求奇迹。当你醒来时，呼求奇迹。当某个人事物让你想起另一半或你们的关系，就呼求奇迹。当你想要思考你们的问题时，更不如呼求奇迹。全心向往奇迹吧！

有时候，在奇迹发生前，你必须放下怨怼，才能净化自己的心灵。如果你放下怨怼，就不可能再有任何伤痛、愤怒或受害的感觉。你想要自己的怨怼吗？还是想要奇迹？当你持续选择奇迹，你的怨怼将逐渐消失。你可以呼求老天或自己的高层心灵，帮助你放下怨怼。这些怨怼嵌在评断和你自己隐藏的罪疚中，嵌得愈深，要放下它们的时间就愈长。你想要奇迹，还是怨怼？你的关系仰赖于你对以上问题的看法。

你真正想要的是什么？如果你继续选择怨怼，那你只是想要证明自己是对的，你宁可继续抱怨，也不愿找出解决之道。这样的自以为是又再次隐藏罪疚并为罪疚补偿，其中隐藏着你有多害怕改变。怨怼和罪疚感把你固定在你的受困处，难道你不希望由奇迹取而代之吗？就算你是对的，可你依旧陷在问题里。要愿意认错，愿意再次学习。你可能以为自己知道所有的事实，但痛苦为我们点出妄见之所在。

因此，你有个选择。你想要奇迹，还是怨怼？一条路通向爱，另一条路导致痛苦和问题。

为了你，为了在你的关系中相关的每一个人，呼求奇迹吧！不断呼求奇迹，仿佛你的关系非仰赖奇迹不可。

3

最常被问到的问题

本章专门探讨何时该离开一段关系，或者，何时该重新承诺好继续走下去。

走遍全世界，我最常被问到的问题是：什么时候该喊停？这段关系该何时结束？

答案是：当你说关系结束时，它就结束了。这可能会因人而异。即使你们的关系结束了，你的前伴侣仍旧是你能量网络的一部分。即使你此后再没有见过对方，对方依旧会与你在同一队伍。你们在业力上是相互连结的。

因此，如果你处在“关系的紧急时刻”，正考虑是否结束目前的关系，我建议你，做决定之前，先用心读完本书。当你逐步读完每一章，就会愈来愈明白真相。然后，你可以做出更周全的选择。你八成已经投资了许多时间和精力在这段关系上，可能有小孩，如果你可以用健康的方式节省自己对这段关系的投资，这个做法就是明智之举。但不论你做出什么决定，此刻都是该做出必要改变的时候了。

就我的经验而言，有些关系本该白头偕老，有些则不是。

人惯常持续待在一段关系里，直到两人再也走不下去为止。若将双方所面对的内在和外在压力都考虑进去，当事人均已尽其所知，也尽力而为了。然而，就我的经验而言，几乎所有的关系都该能够走得更远，如果两人之中的一方对关系的某些关键疗愈原则有所了解的话。即使不该持续下去的关系，也能够带着友谊的感觉快乐地结束。未竟事宜会被带到你的下一段关系之中，因此，你每多疗愈一点，等于在下一段关系中必须面对的功课就少掉一项。

假使处在受虐情境，你必须立即疗愈该情境，否则留在那样的关系里，既不明智，也对你毫无帮助。

我该留下，还是离开？

若要找到这个问题的答案，请对真理承诺。无论是留下还是离开，都呼求老天传送清楚明晰的征兆，方便你轻而易举地理解。呼求向前移动的勇气，让勇气把你带往答案所在之处。全心向往答案和与答案同在的平安。

假使你走投无路，我建议你从 4 到 50 之间挑出五个数字。依照这五个数字进入脑海的先后顺序，先阅读本书中的这五章，然后回头从第四章开始，系统地读完整本书。即使是那些似乎与你无关的篇章，都内含可能对你有所帮助的原则和练习。这些原则曾经帮助过全球数万人疗愈他们的关系，让这些原则帮助你吧！如果你真正向往，就会有更好的出路。老天想要你快乐，而意识心灵和内心深处的你，也想要快乐。现在，让上天为你指引一条出路，全心聆听内在的指引。从某

A – Appearing（呈现出）

R – Real（真实的样子）

疗愈恐惧的方式有许多，恐惧就像所有负面情绪一样，是妄见。当你的妄见进化成更高层次的观点时，你将摆脱这个恐惧，摆脱掉所有负面情绪的根源。你怎么会知道自己已成功地摆脱恐惧了呢？因为问题将会消融。

△

以下是驱散恐惧的几个方法：

· 宽恕相关的每一个人，包括你自己在内。此外，宽恕当时的情境。

· 爱是恐惧的反面。利用爱融化恐惧。

· 以祝福代替评断。祝福每一个人和当时的情境。

· 要愿意学习，愿意改变。意愿能疗愈恐惧。

· 在恐惧的根处，有一种对失落的恐惧。害怕失落道出人执着的所在，而执着必然是任何痛苦的关键成因。放下那份执着吧！

· 感觉那份恐惧，直到它融化为止。你可以穿越一连串的负面情绪，但在体验情绪的过程中，如果夸大这些情绪，你将更迅速地穿越它们，臻至正面的感觉和平安。

· 将你的未来交托在老天手中。

· 记得并感觉所有人曾经给予你的所有的爱，把这些爱应用在你的恐惧上。

· 在你前进时，记得在路上有谁同行。无形的帮助无时无刻不在。

· 当你试图活在未来时，才会体验到恐惧。这种未来很可怕的观点是受过去的痛苦所喂养的。人在当下是不可能感到恐惧的，只有当你以负面的方式预测未来时，恐惧才会发生。放下过去，放下你对未来的负面幻想，回到当下，只经验此时此地。

· 回归自己的中心。呼求你的高层心灵，带你回到自己内在的平安中心。高层心灵为你完成这件事以后，再呼求被带回到更高层且更深远的中心。持续做 12 次。随着你达到更加深层的平安阶段时，在每一个中心，请放松并观照眼前的情境有何变化。

· 跨出下一步。当你接受并允许自己敞开内心去面对情境，下一步就会靠向你。下一步绝对只会更好。你唯一需要做的就只是愿意向前移动。

· 将你的恐惧一层层交托给老天，直至你感到平安为止。

△

上述这些练习，每一项都有人用过且确实有效，曾经为许多人带来过正面的效果。任何问题情境中肯定还存在着其他的恐惧面向，例如，害怕下一步、害怕亲密、害怕成功，可能会害怕体验特定的情绪，而且必定会害怕改变、害怕你自己、害怕另一半和你的使命，还可能会害怕性爱、害怕臣服、害怕领受。最后，八成也害怕自由、害怕融化、害怕无所不有和害怕神。

你可以利用上述方法练习疗愈每一种恐惧。当你感到平安和自由，就知道自己已经完成了疗愈那个特定恐惧的练习。当你自信满满时，眼前的问题将获得解决，而你的下一步将变得更加清楚。

5

全然的快乐

本章探讨一种轻而易举之道，方便穿越目前牵绊你的障碍。这个方法只要求你接受老天对你的旨意。

老天的旨意是要你全然沉浸于幸福快乐之中。源自“完美大爱”的只可能是爱。老天并不想考验你，或要求你牺牲，诸如此类的事必定是你自己的错误想法，是导致业力模式的决定。然而好消息是：老天并不相信业力；坏消息是：你相信业力。“业”（karma）是个古梵语字，意思是行动。你眼前的情境中包含业力这一层，这表示，你陷在某个旧有模式里。接下来的好消息是：你可以疗愈、转化或超越业力，不论业力存在了多久或根源有多深。你可以马上学会这门功课；你可以立即获得救赎，只要穿越你的人生、你的祖上家族或你的灵魂中运作的幻相或痛苦模式即可。你可以获得救赎，只要在全新的层次上与伴侣结合，把启动这个模式的分裂终结掉即可。

老天的旨意是要你沉浸于彻底的幸福快乐之中，但你的小我却另有盘算。只要关系出现问题，你的小我与你伴侣的小我便参与共谋，安排出这个问题情境。这个问题情境必定是在反映害怕下一步、害怕亲密与成功的小我倾向。在这样的共谋中，你们可以决定，谁最能够忠实地将加害人或受害者的立场演绎出来。自然，你们将这些全都隐藏在自己的下意识心灵之中了。

有鉴于你所经历的这一切，你还想要继续走小我替你安排的那条路吗？还是你想要的是老天的计划？

往这边，走老天的路吧！它是你自己的高层心灵之路，它是成功和幸福快乐之道。全心全意，选择神的旨意吧！但要小心，你的小我可是很狡猾的，何况它正在为自己的生命而战。它将另有盘算，让分裂的你误入歧途。然而，当你持续为自己拥抱老天的旨意和你自己的真实意向时，这些部分就会融化掉，因为它们根本不是真理，只不过是痛苦幻相的一部分，将这个情境困住。现在，该是在老天的协助下，解锁并打开这个情境的时候了。

老天对你的旨意是完美的爱。全心向往老天的计划吧！只要你全心投入去做的，都是在创造。所以，为自己拥抱老天的旨意和你自己的真实意向吧。如此，这个课题将会消融，而你的关系将会进入崭新的喜乐境界。

你配得轻而易举和一切的美好，当然，这其中包含着爱和一段快乐美满的关系。幸福快乐的亲密关系是通往天堂的第一步。

6

摆脱罪疚

本章探讨罪疚和罪疚何以是所有问题的根源。罪疚的本质是幻相，目的在使小我保持强壮有力的状态，并隐藏人们对爱、亲密和未来的恐惧。文中提出若干疗愈法，包含选择、回溯造成误解并进而产生罪疚感的问题根源，将源自童年、祖先或“前世”（这些是小我的隐喻故事）的事件全都囊括进去。

所有问题都是基于罪疚而逐步壮大。每一个问题，包括关系问题在内，都是企图因为自己的罪疚而惩罚自己。罪疚可以说是世间最具毁灭性的概念。少了罪疚的幻相，就不会有各种自我惩罚，也因此就不会有问题，因为小我仰赖罪疚。小我想要我们保持分裂，何况没有任何一味药像罪疚这么好用，能够筑墙在我们与他人之间造成隔阂。

罪疚是自我攻击、自我毁灭、不配得、无价值感、失败和牺牲的起因。牺牲是企图补偿罪疚，不过这么做从来不足以抵偿罪疚。罪疚却在不断毁坏你的关系并造成你的问题。

你是否了解，当你有罪疚时，会不由得将罪疚传递给你所爱的人，尤其如果你有子女的话。你的自我攻击会使你无法对子女付出他们配得的所有爱。罪疚妨碍接触，少了接触，关系不是变得老套、无聊、陈旧，不然就是变得极度戏剧化。这是麻烦的滋生地，而你现在正因此而付出代价。

小时候，我心中有许许多多的罪疚，我参加了奥林匹克运动会，并在罪疚感项目得到一面金牌。当我终于将自己从罪疚的洞中掘出，清除掉罪疚所引发的自我价值感的缺失，我才真正发现了罪疚不真实的一面。对我而言，这是全新生活的开始，尤其在关系上更是如此。我终于能够让爱进来，终于能够让自己感到被爱。这时，我才能够颇有权威地谈论罪疚的毁灭性幻相。我曾经帮助过对其他人类凶残地犯下罪行的个案穿越可怕的罪疚感，这种人的罪疚驱动他们不是自毁，就是为了埋藏罪疚，而以愚昧和欺骗的手法对他人做出同样糟糕，甚至更糟糕的行为。

罪疚是行不通的。罪疚阻挡爱，并隐藏恐惧，积累罪疚，意在保护恐惧，使恐惧更难得以发现及疗愈。假使你在生活中赋予罪疚任何力量，罪疚就会变成残酷的主人。心有罪疚必会惩罚自己。罪疚自成恶性循环，让你掉进向下的毁灭漩涡，让你毁灭你所珍爱的一切。惩罚自己时，你会暂时感到自由和安慰，然后一层更黑暗的罪疚（有时候被愤怒隐藏了）因为那份“更糟糕”的感觉而涌现。那是永无止境的循环。

早年从事咨询时，我帮助个案修正导致罪疚的误解，藉此协助个案穿越罪疚。至今三十多年过去了，我学到了许多其他的方法，帮助人们穿越罪疚的幻相。但如果你此刻读到这里，只要能够领悟到罪疚的愚蠢并放下它即可。

扪心自问并列一张表，写出目前令你感到罪疚的是什么？

为了你自己，为了你所爱的人，你能够宽恕自己犯了这个错误吗？你能够修正错误，但罪疚滋生更多的罪疚、自我惩罚和分裂。难道你想要教人罪疚？除非你先摆脱掉自己的罪疚，否则你永远免除不了提问、自我评断，或对他人的评断。

你可以问问自己：要是你知道这份罪疚是来自于你出生前、出生时或出生后，这时间可能是什么时候？

要是你知道跟谁有关，可能是你和谁？

要是你知道当时是发生了什么事，八成是怎样的一件事？

要是你得到的答案是罪疚感源自你出生前，就问问自己，它源于娘胎里，还是在那之前？如果那份罪疚源自于母亲怀胎之前，问问这份罪疚是祖先传下来的吗？还是来自哪一个“其他辈子”？（如果你不相信累世，不妨把这当作一种隐喻。）

如果是源自于娘胎里或受胎以后的罪疚，请了解，你从中得到的任何负面情绪都是当时情境的一部分，是那个事件中的每一个人所共有的。事实上，是这些人传递给你的。有个方法可以让每一个人都自由，那就是领悟到你带来了一份灵魂层面的礼物，要让当时情境中的每一个人都从那份罪疚和痛苦中解脱出来。要是你知道那份礼物是什么，可能是什么？

你愿意的话，现在打开并领受那份礼物，让那份礼物整个充满你，然后在能量上与事件中的每一个人分享这份礼物。如果问题完全得到解决，你就自由了；少数案例显示，问题并没有因此而解决，那表示还有另外一份礼物有待接受并分享。

假使罪疚是祖先传递下来的，那你一定也带来了一份灵

魂层面的礼物，要帮助你的家人和祖先们解脱。只要敞开并领受那份礼物，然后透过母系和父系的双方家族将礼物传回去，直到传递下来的只剩下平安为止。

假使出现的罪疚是一则灵魂故事，那就问问自己下列这组问题：

要是你知道的话，在你的故事中，当时你住在哪一个国家，这国家可能是哪里？

在你的故事中，你是男人或女人？你可能的性别是什么？

一定发生了什么事，你才会带着这样的罪疚一路来到此刻，这事可能是什么？

你的灵魂当时企图藉由那份经历学习到什么样的功课？

最后，问自己，你带了什么样的灵魂层面的礼物来到故事中，好帮助当时在场的每一个人？

把自己看成回到当时故事中的小小孩，拥抱那份礼物，接着与那一世那个时间点以后的每一个人事物分享礼物。然后带着那则疗愈故事的感觉，一路向上，直至来到当下，回到你的表意识心灵为止。

罪疚妨碍连结，藉此破坏关系。罪疚导致攻击、自我攻击、怨怼、评断、不配得、退缩、牺牲和其他角色、心魔。所有这些面向不断积累自我仇恨，并衍生出负面经验和其他痛苦的情绪。

假使我们放下自己的罪疚，就能够让爱和纯真取代罪疚。

7

透过恩典化解你的问题

本章针对你所有的关系问题，探讨另一套灵性解决方案。

老天的爱以恩典的形式展现给我们看，爱是一切美好事物的本质。若要将任何危机变成转机，最快方式是：自己别再挡路，让恩典接管。即使你是亲密关系专家，恩典也必定会提供更好的出路，它自会找寻帮助你的机会。今天，打开恩典之门，让恩典充满你、你的伴侣，以及与问题相关的任何人。

坐着，让自己体验恩典充满，然后这恩典又从你流淌到你的伴侣、其他相关人等和情境本身，这么做会有所帮助。只要让恩典的能量将被困住的情境展开即可。看着恩典起作用，将问题融化掉。

今天，让自己恩典充满，让恩典通过你，如此，每一个人都充满恩典，但可别只练习到今天为止。要每天练习，直到这件事展开成开心的结局为止。每次想到另一半和这件事，就让恩典流到你身上、流经你。今天，让自己和身旁每一个人因为你愿意领受恩典而蒙福。

8

爱自己

本章依据的原理是：每一份关系都像镜子一样映出我们与自己的关系。文中提出一套透过自爱疗愈关系的方法。

看着目前关系中的问题。诚实地问自己：就我与自己的关系而言，这个问题让我看到了什么？我真的爱自己吗？

你不可能既爱自己又同时生病。你不可能既爱自己又同时面临某种严重的冲突。

问自己几个问题，看看你脑海中迸出什么样的答案。

要怎样你才会愿意爱自己？

按百分比计算，你认为你爱自己百分之多少？你得到的数字说明了你的问题。假使你的问题严重，而得分却在 75% 以上，那你目前就处在否认中。否认会导致粗暴的唤醒 (rude awakening)，而你眼前的问题可能正是这样一个警讯。不论目前存在着什么样的模式，这必然是一次疗愈的机会，好让问题不至于变大。

现在，扪心自问：你几岁时不再爱自己的？你这一生中，什么时候开始不再爱自己？

就这个事件而言，你不爱自己的百分比是多少？

要是你知道，当你不再爱自己时，这件事与谁有关，这人可能是谁？

要是你知道，当时发生了什么事，使你不再爱自己，这事可能是什么？

要认识到，如果你因为那个事件而不再爱自己，那事件中的每一个人也缺乏等量的自爱。回到当时，不论发生了什么事，都没有理由不再爱自己。当你不再爱自己时，原本单一的学习情境就变成了如今仍旧影响着你的负面模式。

回到当时的情境，反问自己，不再爱自己是在为你的什么目的服务？如果这么做没有某个目的，你绝不会停止爱自己。你是目的性的生物，你自己的所作所为都服务了你的某个目的。事件愈黑暗，愈表示该事件服务了你的某个特定目的，不过当时你八成对自己隐瞒这件事而不自知。现在，问问自己，不爱自己可能为你服务了什么？

一旦你知道这个问题的答案，仔细想想，这是否是不再爱自己的好理由。既然现在你了解这整件事了，你会采取什么不一样的行动呢？

假使你选择将失去的那份自爱带回来，你现在就能够与当时相关的每一个人分享这份自爱。这么一来，你不仅不再感染上那些人的自我攻击，还能够运用自爱这份礼物救赎他们。

你可能需要好好练习几次，专注在你人生中的不同时段，好好拾回你所失去的所有的爱。

这个练习做完后，闭上眼睛，让曾经爱你和相信你的每一个人围绕着你，包括：家人、朋友、爱人、老师、教练、一起共事过的人，等等，观想他们围绕着你。现在，观想来自灵界的所有朋友同样围绕着你，观想并感觉他们每一个人将自己的爱倾注给你。领受那份爱，感觉它，享受它，让它提升你自爱的程度。当你的自爱增加了，与伴侣分享你的自爱。

9

忌妒

本章探讨忌妒这种情绪的本质，以及如何疗愈自己、摆脱这种最为痛苦的情绪。

忌妒是折磨人的情绪。你忌妒，并不是因为伴侣做了什么；你忌妒，是因为你对伴侣此刻行为的诠释方式有问题。假使你相信，对方正在背叛你或离弃你，你将会以好似对方正在做这样的事的态度来反应。忌妒源自于你的不安全感，而你将透过这层不安全感的滤镜来看所有的事件。此外，人的不安全感也会导致背叛的境遇。忌妒来自于过往的需求没有得到满足，包括失落、伤痛、报复、不配得，以及其中最隐秘的面向——举棋不定。可能很难要人相信，但你忌妒的程度就等于你自己举棋不定的程度，这隐藏在忌妒的痛苦底下。多数人在这时候会聆听自己小我的策略，结果往往是心碎。或者，他们变得独立起来，解离掉自己的感觉，不在乎伴侣的行为表现。当你解离了自己的忌妒，你的伴侣将替你把忌妒表现出来，成为那个醋坛子。假如你把自己和伴侣的忌妒总量加起来，就会知道自己内在真正怀有多少忌妒。

忌妒指向某个情境，你对它有所误解或让自己有可能心碎。你自己的高层心灵此刻正企图疗愈阻碍你建立伙伴关系的能力。你的忌妒显示，你内在有多少旧有需求和心碎，这阻挡了爱、领受、性能量和喜悦，它引发急切感并衍生出心碎的情境。忌妒是一种自我攻击和报复，你不是通过威胁让自己伤心，就是威胁说要切断自己的心与生殖器之间的连结。这会使你对生命和自己的伴侣产生抽离，这么一来，将减损你的自我价值和魅力。此外，这也会贬低性爱的价值，对性爱漫不经心，不把它视为爱的体现。

忌妒是一种自我折磨，而且你的痛苦往往还会变成愤怒。当体验到忌妒的感觉时，你企图控制你的伴侣，为的是保障自己的安全。假使你成功地完全掌控了另一半，对方就会在你心中变得索然无味，假使你并未成功掌控对方，就会觉得自己的旧痛在当下全部再现了。唯一的解决之道是找回自信，然后你将不再与伴侣共谋，营造如此的情境。小我正利用这个情境加重你过往的痛苦，好让它自己更为强大，同时，你的高层心灵已经为你创造了疗愈的机会。无论你对另一半的态度是去是留，你迟早都有必要疗愈自己的忌妒，否则你将壮大自己的小我，要不变得更受害，要不变得更独立。或者，你将变得爱掌控，强求关系按照自己开的条件走。只有这样，才会让你觉得安全，但你不可能既安全又同时享有生机盎然、成功美满的关系，这样的关系只有当彼此平等时才有可能。

不将自己的伴侣赶走需要用上你所有的疗愈能力。忌妒是这样的，即使此刻的你表面上举止成熟，但如果你内心倍感折磨，你的心灵就依然是分裂的，而这会使你无法向前移动。你所有来自忌妒的痛苦根源都深植在过往的心碎和童年的失落里。首先，不论伴侣目前的所作所为为何，请对你自己的疗愈承诺。如果伴侣真的对你不忠，那他也有类似的失落和心碎，而且正想尽方法，证明自己值得人爱。你的伴侣也跟你一样，正在外求讨爱。这不是为另一半的行为找借口，而是他行为背后的原因。

△

我将大略讲解几个忌妒的解决方案，但请谨记，若要清除自己的忌妒，这其实代表企图清除掉过往大部分的不安全感。这包括来自过往关系与童年时期的所有失落、痛苦和怨怼。想藉由与伴侣对抗来摆脱痛苦，只会使问题愈演愈烈。以下是疗愈忌妒的几个方案。

1. 对自己的情绪负起责任。去感觉痛苦，甚至稍微夸大它，这将为你找回自我情绪的控制权，让情绪不至于淹没你。学习辨认出你此刻感觉到的情绪。当你感觉到它，你就将它“燃烧”掉了。你可以感觉并融化自己的情绪，直至终于有了美好的感觉为止。情绪不会是永无止境的。假使你的忌妒与无意识的情绪绑在一起，那可真是痛苦至极。但藉由感觉情绪（这是最基本的一种疗愈方式），你就可以一点一滴地赢回自己的心。要提防解离或想要独立的诱惑，即使另一半的行为肆无忌惮。你依然可以选择放下你的伴侣，因为如果对方恣意妄为，根本不尊重你，那表示对方并不看重这段关系。有时候，为了看重自己而离开是非常重要的。但如果你这么做，要在你离开前，尽可能对事件进行最大的疗愈，才能让自己重获内心的平安。你可以在不解离的情况下离开那段关系，解离会切断你与自我内心的连结。

2. 圣火之痛（Sacred Fire Pain）是情绪痛苦强烈到让你想跪地求饶。这显示，你拥有愿景层级的礼物，只是现在被忌妒遮蔽住了，例如“圣火之爱”（Sacred Fire Love）、创造力、通灵能力、非凡的性爱以及超越，等等。此时，忌妒和心碎之痛的镜子映出你心灵的两大部分有所不和，因此将你固锁在冲突和矛盾中。疗愈圣火之痛很容易，你可以利用这个方法疗愈任何情绪或问题。这个方法不是清除掉整个问题，就是清除掉问题的其中一层。如果是清除掉其中一层，你可以单纯地重复这个练习，直到问题获得解决为止。结果，这将创造全新层次的愿景。

练习

只要凭直觉问自己，谁需要你的帮助。来到这人面前，以灵感启发你以任何方式协助对方。大多时候，你都只需要单纯地让自己的爱穿越痛苦之墙，灌注给对方。这么做可以在几秒钟内让痛苦转化，不过就某些案例而言，还有另外一层有待处理。这是个简单的方法，但面对极度痛苦的情境甚至最小的问题，这方法都成效卓著。就某个层次而言，你的痛苦或问题是小我企图让你听不见周遭的求救声。当你伸出援手，就会获得帮助。当你用你的爱和支持帮助他人解脱，你就会获得解脱。

3. 转化式沟通。学习以这个方式与另一半沟通，效果奇佳。它将停止对抗，鼓励疗愈的发生。

· 为你们两人的沟通设定一个成功的目标，你们双方都可得胜。

· 呼求老天和你自己充满创造力的心灵的帮助。

· 意识到没有人是“坏蛋”。不要试图将问题归咎于你的伴侣。

· 请求伴侣的支持。

分享你在气恼什么，却不试图改变对方。假如你试图控制对方，或利用情绪勒索，你们将很快落入对抗，而非沟通。单纯地分享你的体验，同时对你自己的情绪和体验负起责任。假使对方开始感到被攻击或罪疚，稍微后退，再度向对方保证，你的意图是疗愈自己，而非攻击对方。

· 当你分享时，扪心自问，你以前什么时候有过类似的感受，并分享当时的情境和你当时的心情。当你分享完那段经验，可能会想起另一段更早先的经验。只要分享最先想到的那段经验即可，尽可能贴近情绪，才不至于迷失在故事中。在你边这么做边感觉旧有情绪的过程中，你就已经疗愈自己了。打从你与对方分享开始，尽可能留在情绪的核心里。假使你歇斯底里或自我分裂，就落入了权力竞赛的陷阱，如此一来，将会不利于你。随着你的分享，你将领悟眼前的情境是如何成为模式的一部分。如果脑海中并没有立即浮现任何模式，不必努力回想，只要运用直觉推测即可。假如还是没有出现任何模式，只谈谈你的情绪、此刻的感受，你对一切，包括对你自己、你的伴侣和你们的关系的感受，也同样有效，不管怎样，去体验并分享自己当下的情绪才是你们转化的关键。

这么做会让你觉得自由、获得疗愈，而伴侣将觉得仿佛他们帮助并支持了你。这个关系问题将获得解决，除非它是个长期问题。假若是长期问题，你将会疗愈其中一层，不过几个月后，你恐怕必须再面对一次同样的问题。到时，只要重复这个练习即可。

4. 对平等承诺。忌妒之所以出现，是因为关系落入了独立／依赖的陷阱。认识并导正这个不平衡状态是关系最重要的一课。如果没有学会这一课，你们的关系将走不下去，而且会有许多的痛苦。在“权力斗争期”，有几种轻而易举的方法可以穿越这个步骤（见第三十四章，承诺）。穿越的方法是对平等承诺。虽然可能还需要一些时间，你们才能达到“伙伴关系期”，但途中还会遇到瓶颈。达到伙伴关系期，还是会有进一步的课题，而且还需要进一步重新平衡两人关系的独立／依赖状态。

如果你忌妒，那显然你是依赖方，至少目前如此。这情况有可能马上改变，使你成为引发忌妒的一方，如果这情况没有发生在这段关系的未来，就会出现在未来的另一段关系中。当有忌妒发生，或任何一方是引发忌妒的人，这时对你或你的伴侣都不是开心的事，不过假如伴侣是独立方，那对方似乎就占了优势。你可以趁每次对平等承诺并赢回你的魅力时，重新平衡两人的关系。你愈依赖，就愈会失去自己的魅力。你愈放下自己的执着、需求和痛苦，伴侣就会愈靠近你，因为在放弃依赖的过程中，你正重拾魅力。假使另一半并没有愈来愈靠近你，就表示你并未成功地放下自己的执着。如果此时的你没有好好疗愈自己，八成是有些纵容自己的地方（很可能是情绪上的放纵）。

放下你对关系的依赖，不过小心别矫枉过正。如果你把这段关系扔了，那只不过是选择独立和分裂。这是在权力斗争中走偏的一步，试图藉此取得控制权，而非向前朝伙伴关系迈进。在对抗中，即使你现在赢，未来还是会输，因为你迟早会遭到反击，只是迟早的事罢了。为了迈向下一步所获得的好处，放弃对抗吧！不论你面对的是什么样的关系，疗愈这一步将使你终生受用。

5. 有痛苦则表示，真理尚未出现在情境中。一旦有了完全的真理，就有了完全的疗愈、理解、连结和自由。你想要痛苦还是真理？如果你想要的是痛苦，你已经选择与小我同国了。小我以痛苦、解离和对抗壮大自己，小我才不想要爱或接触，它是靠分裂隔阂打造出来的。不过，爱和连结会消融掉小我。

若要找到真理，只要选择真理即可。呼求让你看见真理，真理将立即将光明一层层带到情境中。除非你心感平安，否则这个过程就不算完整。一心向往真理，你的观点将不断改变，直到成功与平安出现为止。

你周遭的任何忌妒都是你所隐藏的忌妒，忌妒是你的责任。摆脱你的伴侣是不够的，当对方已经不再为你用心，就是你该采取行动，而非不断受苦下去的时刻。不过请记住，那份受苦和潜在的忌妒早在这件事出现以前就在你里面了，何况你人生目的的其中一部分不就是要疗愈所有内在的受苦，并以爱取代吗？这让你有信心建立成功美满的关系。

10

心碎

本章探索心碎的本质，以及如何超越自己的心碎，来到全心全意生活的境界。

当心碎发生时，这有可能极具毁灭性，原因如下：你可能退缩，远离人生、关系，甚至你自己，退缩到恐怕永远无法复原，总是保持隔绝、解离、独立而寂寞。你可能会切断你的心与性能量中心的连结，在遭受最痛彻心扉的心碎时，人甚至会切断自己的头脑与心的连结。你可能永远处于牺牲的状态，因为你能够付出，但不再能够领受，因为你一经抽离，不再与人连结。

心碎是一种对抗，是人利用情绪勒索作为权力斗争的手段。藉由心碎，你等于在说："你看，你对我做了什么事。因为你，我才如此受苦。如果你对我做了这样的事，你哪有可能会是好人。我已经被你糟蹋成了可怜、无辜的受害者。"事实上，你正在报复对方。同样，你也在报复其他人，例如你的父母亲，有时候也包括你在过往的关系中所遇到的人。你在对这些人说："假如你当初多爱我一些，不对我做那样的事，并在各方面做得更好的话，这样的事绝不会发生在我身上。”虽然心碎中有着否认和天真等面向，但更重要的元素是控制。此外，心碎也将导致你在情绪上向伴侣索取，不过，这么做只会替自己招来更多的问题和痛苦。

除非你很依赖并试图索取，否则是不可能受伤或心碎的。你的依赖与试图索取有可能以付出为掩饰。在这样的情况下，你是“为索取而给”。如果你真诚付出，你是不可能遭伴侣拒绝的，即使被拒绝，你还是会开开心心。但如果你“为索取而给”，当对方把你推开时，你将感到自己遭受了拒绝。没有人想被自己的伴侣占有或吞没。假使你企图索取，另一半一定会抽身。当你对他人这样，通常自己是视而不见的，但这行为一定会导致附带唤醒的警讯和心碎。

接受

除非你正在拒绝某事或某人，否则你不可能有受伤的感觉。不论他人做出什么样的举动，如果你接受这一举动，并不是因为这举动是属真的或对的，而是因为它已然发生，因而你就能向前流动，而那事件会在你的人生脉络中获得正解，于是你便轻而易举且优雅地放下它。你所抗拒的，就会持续，而持续就带来痛苦。因此，如果学着接受眼前的事，你会迅速向前移动到更好的下一步。之所以会痛，并不是对方表面上拒绝你；是你自己的拒绝造成了痛苦。只要单纯地接受，你就可以改变自己面对事件时的心态，也因此不会被事件所阻碍，或被困锁在这个事件的悲惨地狱中。

愈是无法走出自己的心碎，你就愈过着充满报复的生活，不是抽离，就是分裂和独立的，在这样的情况下，你会不经意地造成他人的心碎，你自己心碎得多严重，就会让别人也同样心碎。假使你此刻正饱受心碎之苦，除非你疗愈它，否则必定会将这份心碎传递给伴侣和子女。

当你体验到心碎，这显示，事件中的每一个人都受了苦，或内心已经体验到相同的心碎。当你疗愈了自己的心碎或向前迈进至伙伴关系，每一个人都将在你进入那个境界的同时领受到那份疗愈。

△

以下是疗愈心碎的几个原理原则：

· 接受。随时练习接受，直至你感到平安为止。接受自己；接受你的伴侣；接受引发你心碎的任何事物，即使你并不喜欢。

· 宽恕。宽恕会疗愈引发心碎的整个模式。看进伴侣的内心，对方内在有多少个受伤的小孩和受伤的自我？你能否让自己内在这个受伤的小孩和自我走到它们面前，爱它们，抱抱它们，直到你们双方的受伤自我都得以疗愈、成长到你们目前的年纪、融化回你们双方体内为止？这么做会重新连结你们心灵、内心和生殖器中曾经被切断的连结。

信任。信任你自己、你的伴侣、当时的情境和相关的每一个人，这让事情得以为你完美地展开。你的信任等于让自己凭借心灵的力量朝正面前进，只是如此，威力便足以疗愈任何问题。它重建你的自信和魅力，能够迅速且优雅地化解情境。

· 承诺。对真理承诺，对下一步承诺。由于你承诺向前进，就会带来更美好的出路，这出路一直在下一步等候着你。不断对下一步全心全意地给出自己，全心向往那个解决方案。

· 恩典。老天给你做的计划是让你活出全然的幸福快乐。除非你采纳了那些小我要壮大它自己的计划，想要这一生的幸福快乐迟迟不来，否则我会建议你呼求恩典和奇迹，将老天给你做的计划活出来。别再等待了。放下所有的怨怼，如此，你才能让奇迹进来。情境中的每一个人都是神挚爱的孩子，包括你自己在内。有个让大家幸福快乐的出路，不过只存在于老天为让你获得幸福快乐而安排的计划中。放下小我的计划，换成让每一个人幸福快乐的计划吧！心碎会出现，是因为你觉得倍受侮辱，伴侣居然没有活出你所指派的角色。但在你的下意识和无意识心灵深处，眼前的事完全符合你的小我的计划。回顾你的人生，凡是有痛的地方，都显示出小我的计划，而且是你买账的地方。放下这一切，换成老天对你的计划吧！老天知道你需要什么、喜欢什么，如果你让老天接手，他将赐予你一切的美好。

11

受虐情境

本章探讨受虐情境的根源，以及这类情境是如何由罪疚衍生出来的。此外，还提出方法，藉由疗愈罪疚和恐惧，超脱虐待的循环。

有几个重要的原理原则对受虐情境颇有帮助。其一是：不让别人虐待你，这点非常重要。同样，你绝不可虐待他人。让别人虐待你，不但对对方没好处，对你也没有帮助。虐待会增加彼此双方的罪疚，这是引发你遭受他人虐待的关键要素之一。此外，罪疚也可能驱使人产生虐待行为。假使某人虐待他人，他这么做是为了否认自己内在的高度罪疚。假使你正在受虐，不论以什么样的形式受虐，这都是一种自我惩罚，你利用它，企图清偿旧有的罪疚。这份罪疚，无论是在导致你施虐或受虐，从头开始，这过错都开始于你自己。虽然罪疚是认知错误，但却不减其毁灭性或自毁性。

小时候发生的虐待事件通常是因为你在家庭中扮演烈士角色。无论是性侵害、身体受虐，或精神、情绪受虐，几乎都是源自于你试图拯救自己家庭的企图。因为你把你的家庭看得比自己的性、诚信、健康，或自己的生命更有价值，你会为你所爱而放弃自己。烈士牺牲模式可能持续一辈子，而且你企图透过生病、受虐或某种贬低自己的生活方式去帮助或拯救他人。即使是施虐者，也都扮演了代罪羔羊的角色，企图演出这个家庭的负面性，你这样做的目的在于将家庭的其他成员从负面中拯救出来。这些牺牲的行径即使曾有帮助，也很少帮得上忙，何况牺牲可以成就的任何事，都可以在不牺牲的状况下达成。

有些人沉溺于虐待他人（不论何种形式的虐待），而有些人可能同样沉溺于受虐。沉溺／虐待的循环可能难以打破，除非这个受害者／加害者循环中有一人愿意打破这个循环。如果你愿意打破这个循环，每一个人就都有可能打破循环的机会。但是，请谨记：首先，保护你自己和你的孩子（如果有小孩的话）。一般被认为最明智的做法是：尽快脱离受虐情境，你只要搬到安全的地方即可。不过，让我们来应用一些非凡的智能，看看有没有办法拯救你、你的伴侣和这段关系。假使没有产生立即转化的效用，你还是可以搬出去，找个安全的地方继续疗愈。

有个重要的问题该问问自己：“你是否正利用这段关系牵绊自己？还是你做过灵魂层面的允诺，答应要拯救你的伴侣？”

假如你一直利用这个伴侣作为牵绊自己的阴谋，让你无法活出自己的人生目的和幸福快乐，那就该是脱离这段关系的时候了，而且有时候，甚至要尽快离开原居住城镇。请注意，我提到的情形是：你在利用对方，而不是对方在利用你。

话说回来，如果你允诺过，要帮助对方自救，那对你自己的疗愈和对对方的疗愈承诺就很重要。再次强调，信守允诺未必表示你必须留在那段关系里，假如虐待情形持续出现的话。有时候，一旦你所允诺的做到了，关系就结束了，而这时也该是继续过你自己的人生的时候了。有时候，这段关系开花了，活出它本来该有的潜力，就像是带领你学习、成长的载体，那就会使你们两人幸福快乐。

关系是一种共谋。假使你单方面终止这份共谋，并终止心中害怕向前移动和进入一份充满爱的关系中的恐惧，你便可以打破这个循环，而且这么做将使你们获得自由。接下来有三个练习效果奇佳，做完一遍后，会彻底转化两人的关系。如果你诚心希望这三个练习奏效，可以三者结合一起练习，其成效将更加显著。

△

1. 反问自己下列问题：

要是你知道的话，存在于虐待循环的根源的恐惧和罪疚是从你几岁开始的，当时你可能是几岁？

要是你知道当时有谁在场，这人可能是谁？

要是你知道当时发生了什么事，这事可能是怎样的？

认清当时情境中的每一个人都体验到或接收到你在那个情境中承继而来的情绪。

既然知道始于当时的这个模式造成目前的受虐情境，那你愿意改变吗？

首先，你带来要改变当时情境并帮助情境中相关人士的灵魂层面的礼物是什么？不论你带来的灵魂层面的礼物是什么（八成包含了救恩的礼物），请打开通向那些礼物的门户，拥抱礼物，并与当时事件中的每一个人分享。现在，将这些礼物传递给当时在场的每一个人，传给可能加害过别人的任何人，或因这些人而受害的任何人。这么一来，这些疗愈礼物会传遍整个受害者／加害者网络，会释放并救赎相关人等。现在，对自己做同样的练习，将这些礼物传递给你可能加害过的任何人，或因你而受害的任何人，以及这些人可能加害过的任何人，等等。此外，将礼物传递给加害你的任何人，以及这些人可能加害过或可能加害过这些人的其他人等。之后，将礼物传回第一位加害人和最后一位受害者（这是你和你伴侣的部分模式），以此拯救整个网络。现在，将那些礼物和疗愈能量往上提升，贯穿你的整个人生，来到目前的情境。与目前情境中的每一个人分享那些礼物。

2. 将你内在带着的任何牺牲、受害者或加害者角色交托出去。放下你拥有的任何牺牲、烈士、受害者或加害者等概念。扪心自问，针对每一个角色，你各有多少个自我概念，只要放下这些自我概念，就能让自己从这类自毁程序设计中解脱出来。每当你看见这些角色或自我概念的迹象，就再次放下它们即可。

3. 将你对你的伴侣、你自己和两人关系的观点交托给老天与你自己的高层心灵疗愈。全心全意呼求这份疗愈。一再呼求，呼求你的关系中出现奇迹，全心向往它！

4. 这样的虐待映射出害怕亲密、害怕被占有或占有他人的欲求。翻回第四章，看“害怕”这个主题，运用该章中的练习，推动你走出这样的虐待陷阱。

12

倾听内在

本章另辟蹊径，处理一般课题以及你在关系中每天会面对、随时可能出现的实际问题。文中运用倾听自我内在的方法，听取早就存在于你心中的答案。

答案在你之内，只要你愿意倾听。老天已经把一切都赐予你了。老天的答案在你之内，但你害怕聆听，你害怕自己将受指导去做自己不想做的事。这竖立了莫大的抗拒，阻碍倾听。你可能会听到你的小我不想让你去做的事，但你绝不会听到你的真我不想要听到或做到的事，你听到的绝对会把你带往幸福快乐之境。

你愿意听到出路吗？我曾经在一对一教练中指导过一名酒鬼的妻子，这酒鬼找寻任何借口生气，好离开家去酒吧。这位女士祈祷并呼求指引，她得到清楚的指示告诉自己该说什么话，好帮助她丈夫待在清醒的正道上。原本，要触发这名酒鬼，让他找到需要买醉的借口实在是容易之极，然而，这位女士接收到的答案也实在是完美无缺。只要她有意愿，就听得到出路。

假使你呼求，就必将得到帮助，就是这么简单。一旦你对于听到出路的渴望强过害怕听到，你就必将找到答案。只要你寻求，必将寻见，除非你听从小我的建言，小我的计划是要你寻求却永远寻不见。小我之路令人既泄气又沮丧，实在无须如此。有个更高的“源头”值得你去倾听，而且这个源头可以透过你自己的创意心灵显现。

若要倾听，只要闭上眼睛，放松并呼求前进的出路。如果你没有立即听到前进的出路，可以再次呼求，敞开心扉地坐着，安静聆听。

假使心灵过于忙碌，听不到，这就反映出你心中的恐惧有多少。你可以事先做个简单的静心练习，让心灵平静下来。不管脑海浮现什么念头，只要关注它，随着每一个念头说出这句话：“这个念头映射出让我听不到答案的目标。”

当你这么做，这个念头将会消失。不断重复这个练习，持续 15 到 20 分钟，直至你的心灵极度安宁为止。之后，接着说：“进入这个宁静的心灵，让我收到上天赐予的答案。”

每当你需要帮助自己获得下一步的具体答案，就安静倾听。你甚至可以呼求当答案出现时，得到某种特定的体感，好让你可以认出自己的答案何时现前，或者应该说，是你何时准备好聆听答案。很快，随着意愿的增强，你便能敏于倾听，就连在最忙碌的地方，你都会收到信号。

13

疗愈瘾头

本章探讨关系中瘾头的本质，以及如何转化瘾头，无论你是瘾君子还是共依存的那一方。本章内容将跳过表面的解决方案，直接作用于潜在动力。

瘾头，就像其他的关系课题一样，是共谋。一个瘾头包含许多的动力，它是对迈向下一步的恐惧，不仅瘾君子害怕下一步，共依存的一方也害怕下一步。共依存的这一方因为自己害怕改变和向前迈进，不经意地助长了这个问题。此外，许多时候，共依存的这一方也有隐藏的瘾头，可能是情绪上的，甚至是行为上的，例如牺牲。在瘾君子和共依存伴侣的内在和两人之间，有着上瘾／牺牲的恶性循环。伴侣双方身上都有，不过就瘾君子而言，牺牲的面向可能比较隐秘，却不减其毁灭性。当你牺牲时，你错误地透过放纵试图减轻负担或痛苦。假使你的牺牲情结非常严重，就可能很容易造成身心耗竭或上瘾，并导致继续下去的恶性循环。

一旦有了瘾头，你就需要极大的唤醒警讯，才有足够的动机挣脱瘾头，无论上瘾的对象是酒精、毒品、性、工作、花钱，还是食物。上瘾是一种不成功的企图，想要填满内在灵性和情绪上的空虚。当瘾头增大时，瘾君子的罪疚和自我攻击也随之增加，这只会更加强化瘾头。同样，企图用药品填补自己却补偿不了失落和寂寞，只会使状况更加恶化。你此刻忙着填满需求却使自己变得更加饥饿，更为迫切，更加走投无路，最终变得更疏离、更悲惨。身为瘾君子，你的人生存在着似乎无法跨越或势不可挡的冲突。你不仅觉得不知自己该如何，也无法疗愈这些冲突。那份痛苦和需求积累到你愈来愈招架不了的程度。

瘾头另一个更加隐秘的面向是：它可以是一种躲藏，不回应具体出现在你面前的求救声。你被召唤去执行某种领袖力项目，好帮助到一大群人，但因为小我将你陷在牺牲、身心耗竭和瘾头中，你便不愿意响应别人的求救声，于是，你得不到老天要赐给你的帮助。要是你帮助他人解脱，就能找到一直躲避着你的那份充实感。

有瘾头存在时，就必须采取行动以中断瘾头的生理面向。一旦完成这一步，心理的瘾头才有机会得到处理。此外，辨别转化和“用健康逃避”（flight into health）之间的差异也很重要。后者只是从表面上看起来很不错，然而实在是有些太过完美。这是一种对瘾头的补偿。通常，瘾头迟早将摆脱其防卫，这时，就会导致瘾头再度复发。呼求你的高层心灵通过整合来隐藏各层瘾头的各层补偿，这很有帮助，将带来全新的完整。此外，“焦虑型清醒”（white-knuckled sobriety）也是企图掩饰瘾头所做的补偿，一旦得到整合，就会带来新的平安和自信。

对瘾君子和共依存方而言，疗愈的动机是疗愈瘾头的关键。瘾君子可能企图要自己的伴侣加入上瘾的行列，好减轻自己的罪疚。当然，这么做是极具破坏性的，而且只会再次增加瘾君子的罪疚。

打破上瘾的循环可能需要你每一分勇气的加持，无论是戒毒或戒酒，还是突然终止或逐步减轻瘾头。若要放弃你的自毁性，需要承诺和你的“灵”的真实意向。你可能会发现以下几个步骤有助于戒除瘾头。

△

1. 呼求奇迹，倾听内在，并在途中的每一步时时运用恩典。

2. 进行排毒，如果这方法适用于你的瘾头。我曾经利用疗愈能量帮助一个人戒除严重的海洛因瘾头。一旦当事人深层放松的程度胜过该瘾头对其控制的程度，这个瘾头就会消融。我曾经治疗过一名毒品贩子，当时他正在吸食极纯的海洛因，结果进行了四个半小时的能量治疗才有所突破。这个过程相当戏剧化，因为这人将自己从原本深度放松的安乐椅上猛然上抛两三米，当时他的治疗师、我自己和他最好的朋友，都在全神贯注地将疗愈能量给他。此外，我能够运用疗愈能量在五分钟内结束“突然终止排毒法”（cold turkey detoxification）。假使你选择这条路，而非传统疗法，必须找到一名自信能够胜任的治疗师，以及具有一定程度意愿的瘾君子。

此外，我还发现神经语言学（NLP）的强制中止法（compulsion-blowout）在助人穿越对毒品的需求这方面（包括对烟瘾的需求）非常有效。不过，如果没有采用其他疗法，这人可能很快又恢复旧习，这并不是因为当事人需要，而是因为他们想要。强制中止法只不过是第一步。

3. 无论你是上瘾这一方或是共依存方，回到当时你决定要进入这个问题的时间点。

这事开始时，你几岁？

要是你知道的话，你这个问题开始时，你是跟谁在一起？

要是你知道的话，你决定开始有这个问题的当时，发生了什么事？

如果你回顾当时自己所受的苦，它显示当时每一个人所受的苦，至少内心是这个样。那份痛苦传到了你身上。

你一定带了某份礼物来到此生，作为对治痛苦的解药，开启那份礼物可要比承受痛苦明智得多。

要是你知道自己带了什么礼物来疗愈那份痛苦，而非承继当时的痛苦，这八成是怎样的礼物？

现在，想象你自己与事件中当时在场的每一个人分享这份礼物。如果你并未被完全治愈，那就有另一份礼物等待你领受，用来帮助每一个人解脱。打开用来疗愈当时情境的每个必要的礼物，分享给大家。

将这个练习再重复四次，回到当时并疗愈导致目前情境的重要根源。现在，让你的伴侣做五次同样的练习。如果伴侣不想做，你可以替他做。是爱的力量和双方的紧密关系使你能够为伴侣进行这类疗愈。在无意识层次，对方实在是你自己心灵的一部分。接下来一个月，你可以每天练习。它对你和另一半的自信将有非凡的成效，并开启转化的过程，让人更加幸福快乐。

4. 为了疗愈恐惧，以及建立对两人关系的下一阶段承诺，请全心向往下一个阶段。

5. 与伴侣结合，想象你们两人是一个“实存生命”（being）。“燃烧”穿越你在这个实存生命（包含你的伴侣在内）中经验的任何负面情绪，直到只剩下平安和喜乐为止。利用你的爱臻至心灵合一的境界。燃烧穿越层层防卫和所有负面性，直至双方都感到自由为止。只要怀抱意念，你就可以每天在行住坐卧中，无论是在睡眠时或不经意时都可以这么做。只要有时间，就全神贯注地做这个练习。如果另一半愿意敞开心扉，就两人一起练习，全程保持四目接触。

藉由这样的练习，你们可以达到深度的“一”（Oneness）的体验、体验到深度的释放，或单纯地燃烧掉隐藏痛苦和礼物的层层防卫。这是个非比寻常的练习，适合建立连结、带来疗愈和巩固两人的关系。

6. 在踏上小我的上瘾或共依存之路时，你面临着人生的十字路口。当时，小我要你走上导致目前状态的小我之路，它给你提供了什么好处？

小我信守过它的允诺吗？

这么做有为你带来快乐吗？

在小我引诱你的同时，你面对着来自上天和你自己创造性心灵的另一条路。当时你若是走上那条路，又能得到什么样的好处？

想象你自己继续走在染有这个上瘾问题的小我之路上，你的关系会沦落到什么下场？你会沦落至什么境遇？

现在，想象你自己沿着高层心灵之路走下去，会得到什么样的礼物？沿着这条路前进，结果你的关系中会发生什么事？你会发生什么事？你的人生会变成什么样？

现在，回到你当初来到十字路口的那个时间，再次选择。你期望自己的人生和关系是什么模样？

7. 若要戒除瘾头，你必须戒除该瘾头的需求和导致身心耗竭的牺牲。让我们好好处理导致这个问题的根源。

反问自己：要是我知道的话，这个问题的其中一个核心根源在我几岁的时候开始的，可能是在几岁时？

要是我知道这与谁有关，这人可能是谁？

要是我知道当时发生了什么事，这事可能是什么？

当时我做了什么决定，导致了驱使这个瘾头的需求，这个决定是什么？

回到我人生的当时、当地，现在，我会选择做什么样的决定？

你带了礼物来疗愈你承继自当时情境中相关人士的需求，这是什么样的的礼物。如果你回到当时，打开并拥抱这份礼物，然后与当时自己身旁的人分享，你们两人的需求就都被疗愈了。你承继了他们生命中的需求／痛苦，是这份需求／痛苦导致了当时的事件。

8. 无论是你、你的伴侣，或你们两人都有瘾头，这个问题都代表害怕成功、亲密和下一步。请运用你身心灵的力量，对亲密和成功的下一步承诺。经常练习，临睡前和刚醒时都做，全心向往下一步。下一步肯定只会更好。

14

“特殊性”的陷阱

本章探讨鲜为人知的特殊性（specialness）动力，以及特殊性如何篡夺并摧毁连结感。它是所有关系课题的潜在陷阱之一。本章运用选择、承诺和付出的力量，作为向前迈进的负责表现以及穿越这个狡诈问题的方法。

当你还是蹒跚学步的幼儿时，你以为整个世界都是围绕着自己旋转的。“特殊性”是你的内在一直还活在有这样一个概念的地方，它是一种假爱，不利于你的关系。特殊性其实是关系的克星，因为在每一个关系问题底下，都有特殊性的课题，因为特殊性是由你的需求喂养的。由于你的需求，你企图索取但又无法领受。你强求或幻想，但无法满足。你对抗或抽离，好称心如意，但永远嫌不够。你事实上不可能受苦或不高兴什么的，除非你的特殊性遭到羞辱。你所有的不悦和闹脾气都来自你的特殊性，而每一个问题都等同于噘着嘴想讨要特殊性。假如你无法以正面方式喂饱你的特殊性，那么特殊性将以负面的方式得到关注。你以为你想要别人爱你，但有时，是你的特殊性让你要别人向你低头。

特殊性会喂养亲密关系中最大的错误态度，也就是索取。因为特殊性，你认定伴侣的作用就在于满足你的全部需求。浪漫的不真实部分是受到特殊性的喂养，让你沉溺其中，使你鬼迷心窍，因为伴侣似乎完美地填满了你所欠缺的一切。你与伴侣之所以产生争执，是因为对方并未按照你指派给他的剧本来演。争执与对抗之所以发生，是企图让自己的需求得到满足，要对方以你习惯的方式对待你。愤怒完全跟特殊性有关，而特殊性是因为在关系中你要事情都合你的意。挫败和失望诞生自特殊性。伴侣很少能够吻合你在浪漫期对对方的幻想，当然，就算对方真的吻合你的幻想，这还是不够的。因为潜在的需求还是没有被满足，你会寻求新的幻想，等待被满足，要伴侣跳过更大的铁圈。

关系中的死寂来自牺牲、对领受欲拒还迎、两难、三角关系、竞争，以及因害怕失落而不向前移动等模式。死寂是由特殊性或罪疚的光环所喂养的，例如，觉得自己从小是造成父母之间的和家庭的问题的原因。这份特殊的罪疚可能让你一辈子不断自我惩罚。这是个非常原始的模式，假如你不曾好好检视且一直对其紧抓不放，它对你的重要性会一直胜过你的伴侣。这么一来，就可能导致沮丧和失败这种以负面形式体现的特殊性。许多时候，这类特殊性被牺牲和超时工作所遮蔽，是一种特殊的壮烈成仁。

现在，是放下特殊性的时候了。你可以改选爱和欣赏。第一步是觉察特殊性的阴险狡诈之处。

你如何强求伴侣以特殊的方式对待你？

当对方没有做到时，你如何噘起小嘴或惩罚对方？

好好检视，你在哪些地方感觉到负面情绪，这又是什么样的情绪？你试图拿取的是什么？这份特殊性与什么有关？

负面情绪	你试图拿取什么	特殊性相关的人事物
1.		
2.		
3.		

好好检视眼前问题的特殊性。好好检视伴侣所呈现出来的特殊性，那是你自己隐性特殊性的一部分。

好好检视自己过往的某些痛苦经验，带着你对特殊性的全新觉知，好好正视它们。

要愿意放下你所发现的所有特殊性。回到过去的情境，给出你的爱，不再试图向他人索取。尽可能栩栩如生地观想，这让你能够疗愈现在仍旧影响着你的过往模式。

当你寻求付出，而非拿取时，持续不断地放下负面情绪、执着，以及任何形式的索取。

承诺好好爱你的伴侣，这么做会令你们双方满足，并转化你的需求，这是关系成功美满的关键。你的关系并非全都只关乎你自己，它还关乎你的关系和你的伴侣。你不可能试图以牺牲的方式付出或爱人，这么做不只是行不通，还会使你的关系受到阻碍，无法落实关系该有的潜力。

该是你转化两人关系的时候了。千万别等你的伴侣先行动手，这是你的责任，你是为自己而做。一旦你成功了，必然会将另一半带到与你齐头并进的崭新层次。你以非竞争的方式向前迈出的每一步，都是赐予伴侣的一步。这是来自伙伴关系的经济之道，若要使关系成为最迅速的成长捷径，这更是要素之一。

今天，你能够不怀任何期待地对伴侣付出的是什么？请谨记，当你以真实的方式付出，付出本身就是回报。

今天是转化关系的一天，让关系从一个原本是拿取、令人失望的地方，转化成付出且感到充实满足的境界。

15

目标的重要性

本章将告诉读者，为关系成功设定长期目标是多么重要。

为你的关系设定目标是极为重要的。我会建议你设定“完整”的目标，完整指的是两人的心灵合而为一，创造人间天堂的体验。亲密关系是你体验人间天堂的最佳机会。将你的关系交托给老天，并定期更新你的关系，全心致力于将你的关系带向完整。

如果你没有目标，每个冲突都可能让两人的关系画上句点。假如你为关系设定“完整”作为目标，那么你们的冲突不过是通向完整圆满途中有待穿越的功课罢了。有了目标，就有了长远的眼光，你不会在下一层的冲突出现时，变得目光短浅。你很清楚一旦自己疗愈好下一个冲突，并从中学会功课，只会使两个人更加亲密。这将为你带来更多的完整，使你对伴侣和你们的关系更具信心，并让自己得以平安度过通往完整圆满路上的每一个课题。介于你与神之间的一切都将会出现在你和伴侣之间。假使你没有设定清楚目标，在通往“一”的道途上一一穿越每一个功课，那么每一个课题都可能进一步将你撞离原本的轨道。然后，你将不再凝望着你的挚爱，而是纳闷，餐桌对面这个陌生人是谁。当不顺的事发生时，只要重新设定你的目标、用心专注于你的圆满结局即可。没有目标，人有可能流离失所。一旦设定好你的长期目标，就可以为每一个下一步定出短期目标。

16

浪漫期的结束与心魔区

本章探讨关系中的心魔阶段，以及当伴侣开始看起来像是你的心魔，表现出令你十分困扰的行为特质时，该如何处理并转化。

初次邂逅某人的浪漫期可能令你飘飘欲仙；一旦与对方展开亲密关系并进而认识对方，就像冒险般会使你的日子充满震颤与奇妙。你感觉自己仿佛又活跃起来，对人生有了全新的看法。这个浪漫期是春天，也是新生，色彩更鲜明，生命有了新的意义，且奇迹回来了。浪漫期令你恢复生机，让你看见两人关系中的所有可能性。

当我既年轻又愚蠢的时候，曾经以为，浪漫期的结束等于关系的结束，因为那份强烈的“坠入爱河”的感觉结束了。随着经历过一段又一段的关系，我的浪漫期缩短了，而我变得更为独立。最后，当我遇到妻子兰西时，我们的浪漫期持续的时间等于夏威夷一日灿烂的夕阳。我们宣称彼此相爱，我们都是对方终其一生寻觅的对象。当时有壮丽的色彩与此相应——紫、红、橘、粉红，最终，随着太阳没入海洋消失不见，出现了神话般的绿色闪光。等天黑了，我们仔细查看，不禁纳闷那份浪漫的感觉跑哪儿去了。还好，这一次，我们两人都有足够的觉知，领悟到我们只是进入了关系的第二阶段。

在浪漫期邂逅某人时，你觉得对方使你完整。对方代表你所欠缺的部分，这部分通常是孩提时代分裂出来的，当时的情境让你以为，如果那样表现，你将无法生存。然而，当那部分分裂出来之后，就被悄然抑制了。从那时开始，你一直在寻找这个部分，好让自己完整。现在，它以伴侣的形式回来了。这样的感觉好极了，直至来到权力斗争期，这时，出于需求，你开始试图向对方索取，因为你感觉到自身的欠缺。然后，你处在攻击/退缩的对抗中，试图满足自己的需求，同时试图不被伴侣所利用。要在这个阶段成功，你必须学习如何缩小彼此间的差异，好让两人的需求都得到某种程度的满足，同时使双方向前迈进。好消息是：当你成功了，根据你成功的程度，你必然会得到崭新的“蜜月”。这些蜜月紧接在你们的突破之后，就像两人关系沿途的绿洲，它滋养你，更新你、你的伴侣和两人的关系。这些绿洲赐予你希望，帮助你一再与伴侣坠入爱河。然后没多久，下一层就会出现。在内人与我的亲密关系的初期阶段，蜜月会持续约三天半，然后下一个阶段就出现了；有时候，蜜月会持续得久一点，或只持续两天或一天半。当我们进入“死亡区期”（那是我们真正的挑战），紧接在每次突破“死亡区期”之后的蜜月有时候只持续一个小时。如今，由于恩典不断被灌注在人类身上，地球上的意识正加速展开，接下来的一层层挑战似乎会更快出现。假如你有所突破，正觉得深深沉浸在爱中，刚经历了此生最美好的浪漫和性爱，然后醒来时却觉得伴侣离你好远，千万别诧异。这很正常——下一个课题已经出现了。

觉知是关键。当浪漫期结束时，关系的第二个目的即将开始，帮助你们两人疗愈并完整圆满。这时候，需要新层次的全心投入，才能将幸福快乐、爱和浪漫带回到最初那个浪漫期的层次。

心魔区

这是权力斗争期的第一步，有时不一定会发生，有些夫妻会直接跨过这一步。但若真的碰上了，觉察这情况并知道该怎么做是非常重要的。心魔区发生在浪漫期之后，一直以来，你将自己的意中人投射到伴侣身上，直到突然间，对方看似已成为你最糟的梦魇。这时，你会将自己最大的心魔和某些最糟的恐惧投射在对方身上。这个转变如此突兀，令人震撼，两人的关系有可能就在这时候决裂。你既带着觉知，且已将你的关系目标设定在喜悦和完整上，因此只要再次设定目标，对伴侣和两人的关系做出承诺，你们两人就将会前进到下一步。你可能还有更多心魔要疗愈，但现在，它并不会直接出现在你面前。当你在心魔区时，你并不想承诺，但承诺却是疗愈的原则之一，可以在这时迅速使一切大不相同。一旦有了承诺，你们就踏上了“独立／依赖”（Independent-Dependent）这一步，是所有关系中最大的功课。但如果你没有穿越心魔这一步，你们就无法成功地面对下一步。

此外，同时处理你在“独立／依赖”这一步的主要功课与“心魔区”的次要功课，可能令人相当却步，而且有时候，当事人无法承受，反而会让关系不能继续下去。如果你想让关系持续下去，就要承诺超越心魔区，而且当你们两人完全处在“独立／依赖”这一步，你就可以对自己、你的伴侣和你们的关系承诺。随着你们的进展，每一步都会变得更轻而易举，但也都伴随着重大的挑战。

就某个层次而言，“心魔”、“独立／依赖”和“正面／负面”（Positive-Negative）这几步全都与谁在掌控有关。因为你的恐惧，你会运用这些方法来争夺成为关系的主导者。若要穿越这点，就要对平等承诺，这会让你一步步穿越这些对抗，而非遇到一个又一个的问题。

除了本书一开始提过的几个方法以及即将后续出现的几个方法，你能接受伴侣的心魔行为而非抗拒、评断、对抗，这会让你和你们两人的关系超越困住的位置，并向前移动。这使得原本就在你面前阻碍你的心魔能够获得正解。

还有其他的练习可以帮助你处理心魔，其中一个是整合。单纯凭直觉反问自己，你有多少个自我概念跟你投射在伴侣身上的心魔一样？如果你看见一个心魔，是因为这同时也是你内在的一个自我概念。不论你脑海中迸出哪一个数字，就表示你有多少个心魔的自我概念。呼求这些心魔一起融化成一个巨大的心魔，然后让这个心魔融化成纯粹的正面能量，成为一切万有的基石，再带着这股能量回到你内在。

疗愈心魔的另一个方法是写下伴侣令你无法忍受的特质，接着拉回投射，去想象这个心魔同时也是你做的某事或你对自己的信念。看看你是否跟你的伴侣做同样的事，是在将你的心魔表现出来，还是你在补偿，将那个负面特质完全隐藏起来，或者你可能同时在做这两件事。不论你是哪一种类型，你都因为这个特质而折磨着自己。现在，重要的问题出现了：你想要继续折磨自己，还是踏出内在那个拷打室，帮助你的伴侣呢？如果你选择帮助你的伴侣，你将会消融掉这些自我概念并帮助你们两人，且在消融心魔的同时，提升你的看法和对自我的体验。结果，你的伴侣看起来会变得更好。针对你的伴侣呈现出来的所有心魔特质，你都可以重复这个练习。

17

超越权力斗争

本章探讨关系中的权力斗争期，以及人在这个时期经历的几个阶段。具体检视导致对抗的动力，以及我们如何超越对抗，来到新层次的伙伴关系。

在浪漫期之后，就会来到亲密关系的第二阶段：权力斗争期。权力斗争是极大的陷阱。这个阶段有不少相关的功课，假使你没有学习到这些功课，你就无法在任何关系中成功美满。

你对抗，因为你要满足你的需求；你对抗，因为你坚持己意；你对抗，因为你的竞争心态。最终，你对抗，因为你害怕面对下一步。

当你因为要满足你的需求而对抗时，你攻击、犯错、抱怨、强求、唠叨、乞求、霸道和退缩。你想要自己的需求被关照，即使伴侣会关照你的需求，还是永远无法满足你。你的需求会持续不断地产生。以成熟的方式面对自己的需求是关系成功美满的关键，而你所要表达的是：你不是个难伺候的伴侣。这表示，你不会将关系搞得全都只关乎你自己和你此刻的感觉。

为坚持己意而对抗是所有问题的根源动力之一，包括你受害的问题在内。你的每一个问题，就某个层次而言，都渴望坚持认为自己是对的，但你不可能既是对的又同时幸福快乐。这里最重要的是：渴望最佳或最真实的方式，而非按照你的意思。最佳且最真实的方式绝对会整合能量和想法，将你和另一半的最佳面向全部囊括进去。这么一来，你们两人都会觉得自己被包含在内，而且藉由缩小彼此间的差异（这是权力斗争期的关键目标之一），达到了伙伴关系的新层次。在权力斗争期达到全新层次的平等、伙伴关系与成熟，实在非常重要。

竞争来自于想要分离的欲望，这是家庭失去连结造成的。冲突来自竞争。你们对抗，不仅为了争谁是对的，还为了争谁更优越。

如果你输了，你会事后找机会与伴侣争吵或伏击另一半，这样才能最终获胜。要超越你从小养成的竞争心态，需要极大的成熟度。家庭的连结愈少，你的竞争心态会愈大，愈有强烈的欲望要赢过某人，以证明你是最好的。如果出现这样的情形，就需要相当长的时间才能超越依赖期和独立期，臻至交互依靠期。在交互依靠期，你们以正面的方式对抗，企求双赢，而这样的结果绝对有可能达成。

最后，我们来温习一下权力斗争期的各个阶段。第一是“心魔区”，伴侣此时成了你最糟的梦魇。如果你的父母亲有一方喝酒、赌博或四处寻欢作乐，你的伴侣就可能看似在做同样的事。你所害怕的，就会出现在眼前。虽然我在“心魔区”和“投射”这两章里，会以更大篇幅探讨心魔，但最重要的是要谨记，伴侣正在帮助你疗愈你内在的某个模式。你愈宽恕对方并与之结合，你看到的对方将愈发良善。将自己的心魔投射在伴侣身上这样的事会在两人的关系中一再发生，如果你们没有学会相关的功课，两人恐怕会走向决裂。

权力斗争期的第二步是独立／依赖。假使你没有学会这门功课，那么关系持续多久，就等于这个练习要持续多久。权力斗争期通常紧接在关系的浪漫期之后开始，因为要找出谁比较独立这个目标将主导这段关系的斗争从此启动。依赖方所感受到的多过已分裂的独立方，依赖方通常会感受到所有的浪漫，但也感受到大部分的痛苦。独立的一方在关系中的多数时候都会是独立方，或者独立的程度可能有所变动。如果当你成为独立方时，一直是个好伴侣，会回头顾及依赖的另一半，尽管对方需索无度，仍旧看重对方、爱对方，愿意与之结合，那么当你成为依赖方时，对方将是个好伴侣。

依赖的一方往往误以为自己对伴侣的需求即是对伴侣的爱。所谓爱，既不是试图向伴侣索取，也不是试图“为索取而给”，爱就是单纯地想要付出，没有期待。这结果是不可抗拒的，而需索无度通常将遭到抗拒。如果你发现伴侣远离你，你就是典型的需索无度，无论有没有表达出来。假使伴侣正在远离你，请放下你的需求、你的执着，以及你对对方的紧抓不放，从对方回到你身边的程度，你就知道自己在这方面做得多好。如果你放下，对方肯定会回来。如果你紧抓不放，不论你再怎么假装自己已经放下，因为你对对方仍有执着，对方还是会离得远远的。当你依赖时，所有形式的放下都有帮助。每一次成功的放下都会得到崭新的蜜月，直到下一层的独立／依赖出现为止。将执着交托在老天手中是一种简单的放下。第二种方式是夸大那份需求与其底下的负面情绪，体验它，直到它融化成正面的感觉为止。若要拥有成功美满的关系，独立／依赖是需要学习的一门重要功课，因此，全心全意给出你自己，好好学习吧！

权力斗争的最后一步是正面／负面。如果你不了解合作的重要性，这可能会导致许多的误解和对抗。当正面和负面伴侣结合成一个团队，就会拥有获得成功的一切必要配备。否则，当另一半的成就高过你时，就会争夺谁较优越、谁可主导，并攻击对方。

以下是这些正、负极之间的几个典型差异：

正面	负面
乐观	悲观
否认	务实
着重大局	细节导向
交友广阔	慎选朋友
天真	害怕
博学多闻	学有专精
过度大方	吝啬
个性外向	个性内向
过度扩展	清楚知道需要多少资源
察觉者	评断者
擅长解决问题	擅长发现问题
擅长遮掩	气量小
英勇大胆	支援赞助

当正面和负面特质被囊括进去并经过整合，就会衍生出许多的力量和能量，正如电池的正极和负极。两相合作，伙伴关系的层次就会衍生出成功美满和全新的蜜月。

此外，记得自己可能在某些领域呈现正面、某些领域呈现负面，这点也很重要。

虽然我们将各辟篇章探讨“宽恕”、“承诺”、“结合”，但重要的是，若要穿越权力斗争期，这几个都是疗愈的关键面向。

你的伴侣是你的队员。一旦团队意见不合，整队必输。你若要成功，就必须将另一半视为自己的队友。没有做出这样的承诺，你怎么可能成功呢？

说到真正勇敢，我建议臣服于另一半。这在情绪上等同于高空弹跳。透过臣服，你放弃对另一半的所有抗拒，于是能跨越鸿沟，与对方结合。要臣服于对方，你无须赞同对方。臣服是与对方结合，未必是与对方所说的话结合。藉由臣服于对方，你超越了对抗，迎向对方。你愈臣服于对方，对方将愈臣服于你。需要再次强调的是，结果会告诉你，你在这方面的表现有多好。如果你们体验到崭新的蜜月，你就知道你们成功了。牺牲不算臣服，妥协也不算。如果你做了这样的事，就会知道，因为你们两人都会觉得好像你输了。

当个情人，别当战士。如果你对抗，也许你会证明自己是对的，但你却正以毁灭和自毁的方式在做这件事。

沟通是另一个疗愈权力斗争的绝佳方式。沟通既不是对抗，也不是评断，更不是责怪；对抗、评断、责怪都会阻碍沟通。以真实的方式沟通是分享你的感觉、你的立场和你的想法，渴望因此更靠近另一半。慢慢在来回分享中，在河流的两岸逐步搭起桥梁，直到你们双方在其间结合。这会将控制转变成自信。

权力斗争会映射出双方各自内在的冲突。内在的冲突代表你心灵的两个部分，两方都有它自己为你拟定的幸福计划。你将自己心灵不太认同的那一部分投射在伴侣身上，并将那样的冲突演绎出来，让冲突不仅存在于自己之内，更表现在人际（你与他人）之间。尽可能下探冲突的层次，整合冲突的这两个部分，透过结合双方的优势并创造新层次的连结，将你带到伙伴关系中的全新一步。将负面能量转化成正面能量，就好比接种疫苗，能预防更多类似的负面性。这带来新的体验，让你体验到内在的平安和完整，以及新层次的伙伴关系。

以下是进行整合的三种方式：

· 选择让整合发生。

· 将所有层次的各部分交托给你自己的高层心灵进行整合。

· 想象将代表某一方的各部分握在一只手里，并将代表你心灵另一方（也就是伴侣反映出来的那一部分）的各部分握在剩下那只手里。现在，将所有部分融化成纯能量，并将这股能量结合在一起。当能量融化时，它们会变得完全相似，因此可以轻而易举地结合在一起。

18

宽恕

本章谈宽恕，探讨怨怼的本质，以及下意识究竟发生了什么事，让人把自己逼到这样的处境。文中描述宽恕的力量足以帮助我们从陷阱、问题和模式中解脱出来；同时提出若干轻而易举的达成方法，运用了最根本但有难度的疗愈原则；此外，还告诉读者，宽恕如何拯救我们、我们的伴侣和两人的关系。

在本章中，我们探讨宽恕是爱的行动，消融摧毁关系的怨怼和评断。宽恕不仅消融陷阱，更消融导致陷阱的模式，让你的关系成长。宽恕将你从隐藏的罪疚中释放出来，是罪疚导致你的评断。宽恕疗愈隐藏的恐惧，恐惧衍生出这个陷阱，好让你无须向前进，去面对那份恐惧。本章提出各种宽恕练习，帮助你将你的关系从恐惧／罪疚／评断／怨怼的恶性循环中解放出来。关系中没有宽恕的地方，那个部分便窒碍难行。

你认为，你的宽恕是为伴侣存在的，但实际上，它是为你存在的。如果你可以看见自己的下意识和无意识心灵中埋藏了什么，就会知道真相是：你的关系中所发生的每一件事，其实都是你自己小我计划的一部分。当你完全理解某个事件，就会领悟到没有什么好宽恕的。因为你已经隐藏并解离了许多的自己，你所持有的念头，没有一个完全真实，因此，当你有所怨怼时，你的念头更不真实。你的伴侣可能犯了错，而且可能会继续犯错，但没有你的宽恕，对方不会变好。除非你为对方付出或宽恕对方，否则你将继续受困。怨怼就跟权力斗争一样，以错误的方式支持你所隐藏的恐惧，这些全都成为不向前进的借口。你的怨怼将助长你的恐惧，让你有借口不面对恐惧。怨怼来自于评断，而评断只会来自于用来隐藏恐惧的自我评断或罪疚。你的宽恕不仅让你自由，也让伴侣自由。当你将伴侣从你的评断牢笼中释放出来，对方就会从他们自己的评断牢笼中得到释放，然后，对方会以同样的方式响应你。你的宽恕让你的伴侣成为同盟，而对方也将以拯救你作为回报。

不论你给某人什么，不管是怨怼或礼物，对方都将送还给你。《奇迹课程》有一段话，将这个意思很有力地表达出来，它说：如果某人没有对你展现基督，你就没有对对方展现基督。当你自觉遭到某人不正当的攻击，那你铁定隐藏了许多下意识的密谋与计划，而且，假如你自认遭到“不正当的攻击”，这也表示，有时候，你认定自己可以遭到正当的攻击。遭到正当或不正当攻击的整个想法，全都来自于你认为自己有正当的理由攻击他人，因为你认为那是对方应得的。重点在于：要知道没有人该遭到攻击，连你也不例外。当你害怕时，你自觉将遭到攻击，这是全面授权给你的小我，让它有正当的理由先攻击他人。

真相是：攻击和评断就是行不通。它们会摧毁关系，而且你总是会先攻击自己。你对别人所做的每一件事，你必将对自己做；这点是绝对肯定的。何况历经 35 年的疗愈工作，我一再见到同样的情况。评断埋藏在所有受苦的根源中，它在你与伴侣之间筑起一道墙，让你自认为是对的，而非让你领悟，你正透过罪疚和自我概念的投射滤镜看世界。如果你自觉纯真无罪，就会单纯地以慈悲响应对方的求救呼声，而求救呼声正是某人如此表现的原因。

每次你宽恕，就将自己从过去的牢笼中释放出来，并因此在当下重拾平安和幸福快乐。每一个问题的根源都有一份怨怼，这表示，必先有怨怼，才有问题。然后，由于问题的出现，另一份怨怼将使问题更加严重，除非你以宽恕响应。宽恕不仅消融问题，更能消融最初导致问题的模式。

你的评断和怨怼都为你服务了某个目的。当你有所怨怼，请反问自己，这份怨怼如何为你服务？你用它做什么？

你想要怨怼、问题和痛苦，还是你想要宽恕、解决和自由？假使保有自己的怨怼，你将利用它作为你隐藏的放纵和要事情照“你的意思做”的借口。你将壮大你的小我，而非你的关系。切莫利用你对伴侣的怨怼而止步不前；切莫利用与他人的怨怼在你和伴侣之间筑起一道墙，并对伴侣进行某种程度的控制。看重你的伴侣并看重你们的关系，重视到足以宽恕对方并让关系成长。请以同样的方式宽恕你自己，如此，你才不至于在自己与另一半的关系中抽离。

当触及内在隐秘动机的最底层时，你将会看出，实在没有什么好理由要这样计划，然后再对自己隐瞒。当发觉自己隐瞒了什么，你就可以重新选择。你只要承认自己的错误，你自己的高层心灵便会开始为你转化错误。一旦你领悟到自己是如何安排一切的，就可以重新选择自己真正想要的。

我将在后续探讨更多的下意识心灵和责任者原则（accountability）。责任者让你能够回头为发生在你身上的事负起完全的责任。这使你有力量改变，并选择更好的出路。

你的宽恕是一种付出，它就跟所有付出一样，让你与被宽恕的那个人更亲近、形成顺流、赋予你力量并使你幸福快乐。

每次你宽恕，你就将导致不高兴的妄见更进一步被带向正见。你愈宽恕，就愈体验到良善的世界和良善的自我，因为随着你的宽恕，你的罪疚消失不见。宽恕是最难学习的功课之一，它公然违抗我们的小我，那个需要罪疚、恐惧、评断、攻击和妄见去壮大或维护自身的小我。宽恕是一种爱，促进你的人生、你的关系和更美好的世界。透过恩典实现宽恕，是最轻而易举的。

△

以下是几种宽恕：

· 呼求老天帮助你宽恕。

· 针对你想要宽恕的那个人，不断给出祝福。

· 反问自己：你来此生要给予此人的灵魂层面礼物是什么？给出那份礼物。

· 在你宽恕自己、你过往的关系、你的父母和神的过程中，不断选择宽恕对方。

· 看进对方的内在，想象导致对方如此表现的那些受伤的自我。这些自我几岁？去爱那些受伤的自我，直到他们痊愈并逐渐成长到伴侣目前的年龄为止，这时，他们将整合回到你的伴侣身上，将新层次的完整圆满带给你们两人。

· 运用神爱的力量宽恕对方。

· 例如说：“透过神的爱，我宽恕你。”

· 言词不重要，重要的是意图。

· 想象你想要宽恕的那个人，接着想象你最爱的人在那人身边。看着你最爱的人，但看透对方的身体和人格，看见对方内在的光。现在，将你的光与对方的光结合。然后看着你想要宽恕的那个人，但看透对方的身体、人格和过去，只看见对方内在的光。现在，将你和你最亲近的人两相结合的光与你想要宽恕的那个人的光结合在一起，形成一道光。

19

与伴侣结合

本章探讨关系中唯一行得通的方向，也就是迎向你伴侣的方向。如果这个目标达成了，其余一切都会轻而易举地展开并转化。本章教导我们与伴侣心灵合一的方法，并强调结合的力量。

如果你想要自己的关系成功美满，迎向你的伴侣是你唯一的方向。当你与伴侣结合，你们两人就会自然而然地一起跨出下一步。假使你没有持续迎向另一半，那些不断催促疗愈的碎片和旧痛，也会促使你们分开。旧痛伪装成眼前的问题，且开始不断积累，除非你持有疗愈并愿意与伴侣结合的态度。

如果你在人生的任何领域经验到任何类型的问题，其实都是你与伴侣之间的问题。假使你看重伴侣胜过你的问题，你将不会让任何人事物出现在你们之间，包括你的问题、你伴侣的问题，以及你们两人共有的问题。问题只会当你们之间出现分裂时才会存在。当你掌握机会在每个层次上与彼此连结，这些问题就会融化，而且这时候，你会持续融化掉下意识和无意识的根源，直到剩下愈来愈多的爱为止。你们的爱得以疗愈每一个问题。

不论何时何地，你都可以与伴侣结合，因为结合是一份意图。结合的最基本层次是关于爱你的伴侣，并尽可能增加你与伴侣之间的爱，直到这中间只有爱为止。

若要将结合提升到下一层次，你只要想象你们两人是一个人。这么一来，任何负面情绪都可以被你们两人或其中一人所触及。当情绪被其中一人或两人感觉到了，就会开始融化，让你和伴侣更为亲近。假使两人之间没有任何阻碍，你们会到达喜乐的状态。如果有所阻碍，是小我安排你们分离。与伴侣结合让你们能够燃烧并穿越两人之间所有的痛苦和防卫，这会促进你们的完整圆满和你们的关系。

如果可以熟练掌握这个练习，你将赢回你的心、平衡你的阳刚面和阴柔面、加速你的疗愈、穿越你对情绪的恐惧、开发你的阴柔面并开启你心灵的神秘区域，它将增加你领受及倾听内在指引和伴侣心声的能力。结合会建立起密切的关系，并增加你和身旁人连结的能力。

呼求老天帮助你结合，聘请你高层心灵的力量，并开始与伴侣达到心、心智、灵魂层面的合一。这会使你敞开心扉，上达极乐与灵性合一的境界。祝结合愉快！

20

情绪

本章探讨如何以成熟的方式面对情绪，以及如何通过疗愈情绪建立我们的完整圆满和我们的关系，并以实例说明疗愈情绪的基本方法。

假如你不够勇敢，无法面对自己的情绪，你终将与等同于防卫的犰狳为伍。这是无聊与死寂的必然处方。然而，如果有勇气面对自己的情绪，你将善于疗愈你和伴侣所面临的课题、拥有娴熟的沟通技巧，并懂得如何响应身旁的人。这也会帮助你穿越这一生不断积累、透过家族传承下来的所有防卫，以及你的灵魂带来此生的疗愈事项。此外，这将消融你对伴侣所持有的情绪的恐惧，因为你对面对自己的情绪有自信了。于是，这让你能够爱对方并与对方结合。因为理解情绪，因此更容易理解另一半此刻在表现什么、对方正在经历什么。当你不那么害怕情绪，就会发现，你会更容易放弃将伴侣的行为表现个人化的倾向。你将领悟到，伴侣的运作模式早在认识你之前就开始了，一旦你认知这点，就将对伴侣更慷慨、更宽容。

当人没有勇气面对自己的情绪时，往往会盲目地对触发其痛苦的他人做出反应。若有勇气感觉内在浮现的任何情绪，你将藉此辨认，当情绪被触发时，你不会再条件反射式地做出反应，而是明白你可以选择要如何响应。你无须被自己的情绪所主导，不必对他人表现霸凌之势，或试图将痛苦传回给对方。权力斗争的一个面向是：当某种痛苦的情绪无论是出现在你或伴侣身上时，不论是哪一个人体验到，为了摆脱情绪，都会试图将情绪继续传递下去，或责怪伴侣害他们有那样的感受。情绪成熟是为你此生体验到的任何情绪负起责任。你目前体验到的痛苦绝对来自过往的事件或经验，当下的这个事件不过是触发你的旧痛。如果你够成熟，愿意对此负起责任，你将会感激有这个机会疗愈这份旧有的情绪。如果你不害怕自己的情绪，你将有能力从更高的视野看事情，并且在冲突发生时成为捍卫和平者。

面对情绪的勇气是莫大的祝福，它让你能够当个好朋友，甚至是治疗师。对疗愈情绪承诺吧！承诺透过感觉去疗愈任何情绪吧！你的心灵中有灵魂的暗夜（dark nights of the soul)，被自我仇恨、悲惨和白热化的痛苦等次级情绪防卫着。这些可怕的情绪没有一个最终是真实的，但人还是感觉得到这些情绪，即使情绪被分解掉了。如果你不回避这些阴暗的情绪，就可以超越它们，并找到隐藏在情绪底下的爱和喜悦。情绪愈阴暗，表示隐藏的礼物和自由愈大。你面对情绪的勇气将使你成为伴侣的绝佳支柱，让你能够帮助对方超越对方的旧痛，超越对爱和拥有一切的恐惧。

练习

今天，从过去挑出某个痛苦事件。如果你还记得这事件很痛苦，代表你还没有完全疗愈它。当你真的完成了自己的疗愈，这事件在你眼里和你的感受中将全然不同。如果你来到一个无感的位置，别停下来，那是一种防卫。你，就跟我们所有其他人一样，已经解离掉那份强烈的爱和对“一”的痴狂。

现在，是时候了，该透过一份份情绪、一层层防卫，赢回你所失去的。从旧有的事件开始，回溯并进入该事件，尽可能深刻地感觉它，直至那些负面情绪都被融化掉为止。如果你边这么做边想着你所爱的某人，这个过程将更轻而易举地发生。如果在你体验阴暗情绪的同时，也感受到集中在那些感觉上的某种爱、喜悦或恩典，而非痛苦，那痛苦将会更迅速地融化。不要停，一直进行到你赢回自己为止。当你做到时，你将感觉到胜利的喜悦。

现在，选择一件与伴侣之间的未竟事宜，回溯那事件，感觉所有的一切，直至你的感觉完全平安和确切实在为止。你可以边做其他工作边在脑海中不经意地练习。

最终，感觉并体验你和伴侣之间的任何事，直至达到超越爱的境界。

当开始这个过程时，你企图穿越某个旧事件，进度可能比较缓慢，但请你坚持下去。回报是非常棒的，即使需要一个星期才能穿越第一个事件。夜以继日，燃烧并穿越所有的情绪。设立你的意图，即使在睡眠中也可以持续进行。你即将进入有勇气且诚信面对情绪的新境界，请系好安全带。一旦你赢回自己的心，世界看起来和感觉起来将大为不同。

21

仇恨

本章介绍仇恨对人和人的关系有何影响，此外还探讨下意识和无意识动力，帮助你对仇恨和自己的人生做出更健康的抉择。

由于事件带出你的伤痛和愤怒，所以仇恨会出现。对个性沉着平和的人来说，需要令人心碎的事件才能唤醒仇恨。仇恨源自于感觉某人做了令人完全无法接受的事，而且你觉得自己受辱了。“他们背叛我，他们欺骗我，他们对我不忠，他们利用我，他们伤了我的心，他们伤了我所爱的人。”所有这些描述都是人体验到仇恨时的典型反应。你觉得自己的仇恨理由正当，因为你自觉受害于某人所做的事情。

仇恨，就其本质而言，必定内含受害的元素。你觉得仿佛某人伤害或侵犯了你，然而，在下意识层次，只有你自己会让自己受害。你成为受害者，藉此报复自己身旁的人和过去的人。你在下意识中预先策划了这件事，而小我利用这个事件扩大分裂，好让它自己更为强大。

仇恨也点出某份失落。真相是：你不可能失去你所看重或你没有选择失去的人事物。当然，这个真相埋藏在你的下意识里，如果你真的想要发现，就会看到。当你的欲望强过你的否认，你将会看出自己心灵中所隐藏的真相。再次强调，这关乎负起责任并领悟自己已经选择失去这样东西，你自己策划了这件事。当然，好消息是：这表示，你有办法改变现状。

仇恨内含愤怒，而且就像愤怒一样，仇恨会恣意攻击。因此，你可能只仇恨一个人，但你的仇恨就像有毒的能量，击中你所爱的每一个人和周遭的每一个人。同样，你有多仇恨某人，你就有多仇恨自己。因此，仇恨和自我仇恨会形成恶性循环。

仇恨显示你有多抗拒生命、关系、你自己、你的力量、向前进和你的使命。大多数时候，你仇恨是因你在闹脾气，特别是在与某人沟通但未达到你对他的期望时。然而事实上，在下意识层次，对方完全依照你对他们的期望行事，即使是基于某个错误的目的。这个错误的目的可能是报复、控制、独立、躲藏或逃避你的使命。因此，你的仇恨提供你一个借口，让你为所欲为。

仇恨使你的整个人生脱离正轨，且将原本应属于背景的东西推到你面前。这个课题其实是一门包含许多过往痛苦和仇恨的功课，如果你利用这个机会疗愈，目前的情境便可以作为前进的跳板，或者，因为你一直不成熟，无法超越它，你的人生会继续绕着这个情境打转。究竟如何选择，操之在你。

仇恨和自我仇恨对你的健康非常不利。仇恨中存在的自我攻击和缺乏自爱会对你的身体造成灾难性，甚至是致命性的影响。我经常与罹患重大疾病的个案一起针对这个课题下功夫。

在无意识层次，凡是别人对你所做的任何事，你都已经对自己做过，或已经对他人做过。有人对你做了这样的事，反映出你并不认同的某个自我概念，而你的确拥有这样的自我概念，并将其作为你个人身份的一部分。你所仇恨的那个人，会映射出你的一部分心灵。你会发现这个内在冲突正透过无意识模式的最深层表现出来。

就无意识层次而言，仇恨直接或间接地属于权威冲突深层模式的一部分，就像恐惧和分裂，是每个问题的一部分。你的权威冲突会一路回溯到你与神的权威冲突，这发生在无意识心灵的最深层，在那里，你放弃了“一”，选择了分裂和建构小我。这是无意识心灵最深层的陷阱，可以回溯到最初的分裂。仇恨源自于“坠落”（Fall，也就是最初的分裂）时体验到的自我仇恨。当你疗愈了自我心灵的这些领域，就会重拾恩典、力量、喜乐、愿力和你的存在。你知道自己是灵，而非一具肉身。

仇恨对你的人生、伴侣、你的家庭和朋友、你的健康和你的成功造成极大的破坏，它代表你将背负包袱处在自己和他人之间、自己和生命之间。

实在无须如此，只要你有勇气面对那份驱使你找个伴侣或情境来阻挡你自己的恐惧。你可能觉得对方利用了你，但事实上，是你一直在利用对方牵绊自己。你的仇恨是一种凶狠的方法，让你不用专注于你的恐惧，并回避真正的问题。

找出你的恐惧，但不要保留它。一旦你找到你的恐惧，立即将它交托给老天为你转化。

假使你认不出自己的灵性连结，不妨反问自己，谁需要你帮忙。当那人出现在脑海中时，看见你和对方之间存在着恐惧。你要让那份恐惧阻止你帮助需要你帮助的那个人吗？还是你要推开那团仇恨和恐惧的烟雾，去帮助并支持对方？

能够将你所仇恨的这人或情境视为疗愈的机会，是极其重要的。否则，你会将自己的能量聚集在过去，并抑制美好事物出现的可能性。

仇恨与梦魇之间有种恶性循环。当你的梦魇从你的否认底层浮上台面，它们终究可以被转化。梦魇是以恐怖为基底的梦境，你做了这样的梦，旨在符合某个错误的目的，但需要再次强调的是，其实你无须如此。你可以呼求自己的创造性心灵或老天，让你看见真相，藉此驱散梦魇。这么做将会驱散不断啃噬着你的人生的恐惧。小时候，父母亲可能会告诉你，披在椅子上的椅套并不是妖怪或巨龙。有时候，你身旁的某人有足够的觉知力，能够让你看见你的梦魇不是真的，并帮助你觉醒，认识到更美好的实相。但如果没有人可以看透你的梦魇并带你看见出路，你可以呼求老天或自己的高层心灵，帮你驱散梦魇，让你看见真相。单单透过这个原则，你就可以让自己和你所爱的人解脱。

今天，放下你的仇恨和自我仇恨，这两者绝对是你一生梦魇的一部分。

22

改变的需求

本章概述我们所经验或被围绕的每一个问题，何以代表我们自己抗拒改变。相反，改变的意愿会带来前进，使问题获得解决，同时伴随更大的成功和亲密。

关系中的危机指出改变的需求。如果你一直试图强迫伴侣改变，这表示，你一直拒绝改变你自己。你愈强求对方，就愈证明这点。如果你做出改变，那份能量上的邀请是不可抗拒的，你的伴侣会跟随你一起往前走。你强求伴侣的一切，都是你所没有给予自己或对方的。关系中的每一个紧急情况，都点出新生的需求。看起来你的伴侣仿佛是搞砸事情的元凶，但除非你自己也搞砸了，否则对方不会那样。如果对方失败，你正在下意识证明自己比对方优越，如果没什么别的更优越，至少道德上胜过对方。此刻的你，赢了竞赛，输掉了亲密关系。生命正在要求你改变，但如果你不改变，生命通常会找到更戏剧化且更痛苦的方式要你往前走。然而，的确有更好、更轻而易举的达成方法，会为你自己和你的关系带来再生的新意。伴侣目前的行为是下意识的共谋，这个情境为某个目的服务于你。这是某个小我计划，让你有借口，或证明你在某事上是对的。在你的下意识中，一切都是你照着你的策划发生的。只有当某人没有按照你指派给他们的剧本演出时，你才会不高兴。然而，就下意识而言，对方完全依照你要他们演出的方式表演。虽然这么一来，你可能成为受害者或牺牲品，但你可以利用这两者来躲藏、逃避你的使命，并合理化你的某个放纵行径，更甭提要事情合“你的意”。

现在，该是改变的时候了。如果你改变，你的伴侣将随你一起变得更好。重要的是，不要把自己的错误隐藏在对方的错误底下，否则你的改变将无法助长自己和伴侣的幸福快乐。

你的人生和你的关系可能很不错，但它们绝对可以更好。若要更好，你必须愿意不断改变。你不会成为真正的你以外的某物或某人，但你将回到更真实且更本质的本我。了悟你是受到召唤、要做出改变的人，完成它，然后一切将昭然若揭。

就某个层次而言，每一个问题都是害怕改变，害怕如果你向前移动，将会失去某样人事物，而非让事情变得更好。你积累问题、困难和各式各样的课题，因为你害怕改变。然而，改变总是朝美好前进，若发生退转，就不是真正的改变。当你退转时，不过是在让自己看见有什么需要疗愈。改变对你和你的关系都最为有利。假使你并不满意、不富足或不快乐，那你就需要改变。全力给出你自己吧！

现在,对做出改变承诺吧！

为两人关系的下一阶段承诺吧！对更好的出路承诺。对与伴侣一起向前跃进承诺。更好出路的改变正在等待你们接受它。你愿意现在就同意并开启通向更好出路的那扇门，且自始至终都如此经营你的关系吗？如果你诚心期望自己有所改变，唯一需要的就是这番意愿。

23

你体验到的任何不良感受

这一章将再次深化我们对情绪的理解。幸福成功绝少出现在不对当下情绪负起责任的关系中。本章针对最常见的情绪，提出其特殊动力，并在最后几个段落针对人的情绪，什么行得通、什么行不通等提出建议。

你体验到的任何不良感受都是你的责任，谁都无法主导你的感觉。多数人的反应太快，当情绪被触发时，他们并不知道自己有所选择。眼前的事件不过是触发你内在已有的情绪。你所有的痛苦都是过往的痛苦，一旦你明白这点，并对自己的情绪负起全责，你就有所选择。当某个人事物触发你内在的痛苦时，你可以选择利用这个事件来疗愈，还是增加已经存在于心里的苦痛。

如果将自己的情绪怪罪在他人身上，你就是在让自己成为受害者并削弱自己的力量，这不只是一次经验，而是整个模式的一部分。如果你不负起责任，疗愈自己的情绪，情绪就会掌管你。

若相信别人有办法使你感到罪疚、愤怒或伤痛，就等于相信有人可以掀开你的脑壳顶，爬进你体内，按下你的罪疚按钮，踩住你的怒气阀门，揪住你的心脏伤害你，等等。你活得仿佛认定这是真理，这么一来，你就不必对自己的情绪负责。

举例来说，如果我开口对你大声嚷嚷，说你不该抢劫银行，说这么做既不诚实又犯了错，你会感到罪疚吗？

如果你真的抢了银行，或平时就心怀诸多罪疚，你才会感到罪疚。

可是如果我说，你一直对自己的小孩不够好，不是称职的父母，对另一半不够好，不是称职的伴侣，或对父母亲不够好，不是称职的儿女，假使你原本对这类事情有一丝的罪疚，就更可能感到罪疚。那是因为这份罪疚已经在你里面，而我只会触发已经存在于你内在的东西。

△

以下是带出主要情绪的几种动力：

恐惧——抗拒；活在未来。恐惧来自攻击念头、评断和你的投射，而你的投射是你目前的所作所为（攻击）从外在的世界回到自己身上（恐惧）；恐惧来自深层的失落和你急切的需求。

罪疚——自责、自我攻击和自我惩罚；抗拒；被用来隐藏向前移动的恐惧。长期存在的罪疚是攻击神。罪疚是将自己用强力胶黏在受困的地方，让自己失败。长期的罪疚是自负，内含特殊性和阴暗光环。罪疚是错误的纪念碑。

伤痛——抗拒；拒绝接受；拒绝某事、某物或某人；自我拒绝的投射。

心碎——对抗的一种；美梦破灭、报复、情绪勒索、拒绝和拒绝接受。

报复——抗拒；因为你所承受的伤痛而企图伤害他人。直接攻击、退缩，或自我伤害，好让别人尝到同样的滋味。心碎和报复会形成恶性循环。

悲伤——体验到失落。你并没有完全看重某样东西，因此失去了那样东西。失去连结，让自己分裂。

牺牲与不配得——罪疚的补偿和恐惧。付出却不领受；不给出自己。偷偷索取并利用别人，不看重你自己。因为恐惧而利用他人来牵绊自己。

抓住执着不放——以不当的防卫面对失落、需求和恐惧。补偿，寻求他人来满足自己的需求，想要利用他人。

挫败和失望——来自期望、隐藏的强求和需求。你所强求的，也恰好代表目前的你并没有对自己和他人给出这样东西。

色欲——企图满足旧有的需求，尤其是以性为手段向别人索取，因而感到不被爱。利用别人来满足自己的需求。

解离式的独立——补偿失落、需求、恐惧、心碎、忌妒、罪疚、失败和牺牲。

控制——补偿恐惧和心碎；需要事情按照你的意思；缺乏自信。

愤怒——一种保护情绪，应需求、恐惧、失落、伤痛、忌妒、罪疚、挫败，或单纯地无法称心如意而生。情绪要赖；企图控制他人；霸凌；情感转移。

责怪——来自于投射到他人身上的罪疚；把自责隐藏起来；害怕向前移动；一种对抗。

所有负面情绪的根源都在于分裂、恐惧和权威冲突，它们表达出需求，是呼求爱和帮助，也是对前进的一种抗拒。你透过它们来显示需要疗愈，或以其作为你想做某事或不想做某事的借口。它们是企图取得控制权，要事情照你的意思发展。负面情绪是一种隐藏，以此为借口，以便解离（切断与自己内心的连结）并独立。负面情绪会映射出害怕某种天赋、害怕你自己、别人或神，显示你正利用别人牵绊自己。它是从过去移转至现在的未竟事宜，是防卫，抵制某种更痛苦的情绪，而这等于是抵制美好的事物。它是一种对抗和情绪勒索。另一方面，解离是企图掩饰并对情绪和需求做补偿，而更深层的情绪和需求是补偿某种天赋、恩典或报偿。

以正面、成熟和疗愈的态度面对你的情绪，你会透过疗愈建立你的关系。透过沟通和情绪的转化，你建立起通向伴侣的桥梁，将信任和平安带进你的关系。假使你利用自己的情绪当借口而做出反应，等于将你的关系当作自己情绪放纵的人质。如果你解离了需要被疗愈的情绪，你的关系会衍生出愈来愈多的死寂。你若有勇气面对并疗愈自己的情绪，这会平衡你内在的阳刚和阴柔能量，如此便会自然地导向关系的成功和亲密。

24

第一刀划得最深

本章介绍移情（transference）的概念，意指所有痛苦都来自过往，是某个模式的一部分，早在眼前事件出现之前就开始了。接着提出“直觉法”，以此法回溯，并藉由转化情境的根源，让我们脱离以眼前问题呈现的过往痛苦。

所有痛苦的根源都在过往。二十世纪七十年代和八十年代初期，我在工作中栩栩如生地学到这点。后来我得知，这是精神病学中的关键原理，被称为“移情”。此外，《奇迹课程》中也很清楚地谈到这点，而完形疗法更谈到持续将未竟事宜带入当下，直至该事宜得到疗愈、这门功课学会了为止。持续研究让我学到，受害者情境来自关系模式，关系模式来自家庭模式，而家庭模式来自灵魂和祖先模式，灵魂和祖先模式构成无意识心灵。这些来自权威冲突的最深层，并衍生出小我和分裂，而非“一”。

当你学会移情这个原理，务必牢记它，而且一定要将它应用到每一个情境。如果成功做到这点，你会自然而然地采取疗愈的态度面对眼前的一切。这将使你与他人之间的摩擦减少许多，因为你攻击、怪罪和评断的可能性会大为减少。此外，这将为你的关系、你的伴侣，以及出现在眼前等待疗愈的情境增添成熟与责任。我发现，长期存在的情境通常都有若干重大根源来自过去。随着每一个根源得到疗愈，根源所衍生出来的眼前情境也会因此缓和。有时候，我也体验到，由于疗愈了某个过往情境，重大病症就会随之缓解。我曾亲眼看到有人从意外事故中迅速康复，其速度之快，令主治大夫纳闷惊叹、茫然不解。这全都是因为当事人利用那桩意外事故作为途径，开启了适合疗愈的过往模式。

我也曾亲眼看到，耗费十个疗程，才找到长期霉菌感染的根源。有时候，你会很快看到问题的根源，有时候，你必须不断疗愈，一层接一层，直到根源出现为止。

练习

因此，面对眼前的关系问题，扪心自问，是否有任何根源来自你的成年生活。如果有，与谁有关，跟什么有关？这里有个相当有效的连结练习，能够转化任何问题的根源。观想一道道的光，连结你与那个旧时情境中的每一个人。当光连结到你，目证连结如何在情绪和外观上改变过往的情境。再一次，运用一道道的光连结当时情境中的每一个人，且再次留神观察其效果。持续以光连结事件中的每一个人，体察每次连结后，感觉和情境有何改变。你可以不断练习，直到该事件和情绪彻底转化为止。其实，你可以持续练习，直到整个事件转变成光和喜悦为止。唯一会变得更糟的情况是：

如果在最初那一幕底下有许多的情绪冲击，或是与无意识有直接的连结。那么，有一或两幕会先变得更糟，然后才会开始好转。事件一定会转化，除非你利用过往当作借口，以此放纵自己，或让自己掌控两人现在的关系，而非享有平等。

接下来问自己，眼前这个问题的根源开始时，当时身为小孩子的你几岁？如果你在青春期或十几岁的时候体验过创伤，你将在童年时代或娘胎里找到根源。重复这个连结练习，没有连结疗愈不了的情境。重复这个连结练习，直至该事件、你，以及情境中的每一个人都感到幸福快乐为止。再次强调，这个练习向来奏效，除非你另有目的。

如果你有个根源来自童年或出生时，问自己，这个问题是否有任何根源开始于娘胎里或受孕时。如果有，透过你的心灵与该事件中所有相关人等一起做这个连结练习。有分裂的地方，一定有许多层的负面情绪。连结会疗愈那些负面情绪，并衍生出爱、成功、自由和轻而易举。

现在反问自己，是否有祖先问题透过母系或父系家族传递下来。反问自己，问题开始于几代以前。

反问自己，问题始于某个男人、女人，还是男女都有。反问自己，发生了什么事，造成这些祖先问题。回到最初的问题发生之前，重复上述连结练习，直至该事件成为莫大的喜悦与成功。然后想象这个情境而非问题，透过家族传递下去。

现在反问自己，要是你知道的话，你是否有一个“前世”故事也属于这个模式根源的一部分？

假使有，要是你知道自己当时居住在哪个国家，那个国家现在叫什么？

要是你知道，自己当时是男人还是女人，你当时可能是谁？

要是你知道，当时发生了什么事，导致目前这个问题，那八成是怎样的一件事？

现在，回到那个事件，并在老天的帮助下，运用光重新连结每一个人。持续做，直到只剩下喜悦为止。如果为了衍生出这样的连结，你必须回到那则前世故事中的更早时间，回到问题发生之前，那就照着做。请注意这么做对整则故事有何影响。

一旦这点疗愈了，请将来自祖先或“累世”故事的所有正面感觉带到当下。你可能会找到其他你必须疗愈的童年、祖先或“前世”课题，好帮助你转化当前的情境。不断重复这个连结练习，你就能轻而易举做到这点。

无意识的下一层包含灵魂层面莫大的礼物，但也包括无意识层次的陷阱。这些安排，为的是支持分裂并壮大你的小我。你可以先略过这个发生征兆的层面，并检视导致这些深层模式的权威冲突。再次强调，连结可以减少并疗愈小我基础的征兆，这之后将会被更棒的伙伴关系、爱、创造力、喜悦和纯真所取代。当你在这个层次上连结时，请拥抱这些感觉，并将这些感觉带进自己的内在，直至你强烈地感觉到它们为止。

你可以与伴侣一起重复同样的连结练习，甚至可以发挥你的想象力，替伴侣做这些练习，运用你的直觉，替对方将连结带入对方过往的痛苦情境里。这么一来，过去会停留在过去，并带着礼物和恩典前进。

现在，来到目前的情境，并与相关的每一个人一起进行上述的连结练习。连结不仅为人带来根，更带来相关的延伸，它带来真理、轻而易举与自由，实现互惠和伙伴关系。每一个问题都显示有个恐惧、分裂和冲突的地方，而连结会重建爱和连结，帮助每一个人向前进，一起迈向新的成功层次。

这是个绝佳的练习，得以疗愈过往的创伤，移除掉任何创伤后的压力，当然，就像我之前讲过的，除非你利用这个情境是另有目的。假使如此，你将发现，要这个练习成功完成，是有阻碍的。那些想要帮助的人就算在最艰难的情境中也可以得到协助，因为这是上天的旨意，也是你最深层的意向。

25

一切皆平等

本章提出关系的共谋面向，以及为何伴侣目前的所作所为也正是我们自己目前的作为。举例来说，如果伴侣不忠，是我们对伴侣没信心。信心就是将我们的心灵力量用于积极的方向，并产生正面的结果。没信心可以被天真所掩饰，这铁定会造成心碎。此外，本章还会介绍平等这个伟大的疗愈原则，它可以平衡关系并使关系向前跃进。

虽然乍看不是这样，但关系中的一切都是平等的。一旦你理解这点，就不会急着怪罪。如果你去爱，而非责怪，你的关系就会成长；如果你拒绝去爱，你将处于感觉愤怒、渺小但优越的状态。你会感到被伴侣目前的举止行为所骗，但事实上，你正在自我欺骗。

我曾经为一对年轻夫妻做过咨询，男的有毒瘾，而他妻子并没有明显的瘾头。男方停止吸毒后九个月，一夜，他外出到镇上，又开始吸毒。他妻子和我针对这点仔细探究妻子这一方，好好检视妻子在哪些地方可能也同样放纵。我们发现，在丈夫之前持续吸毒的同时，妻子一直与她研究所课堂上的某人调情。这事只发生在妻子自己的内心里，并没有太过公然的行为。结果有一夜，妻子与那位同学正相互调情，当时丈夫就考虑回去嗑药，而妻子则在考虑展开新的关系。当妻子认清这点，就帮助她确认并重新对这段关系做出承诺。她认知到，她的爱和关注对丈夫的康复多么重要。这件事过后，男方的毒瘾再没有发作过。

我为不少夫妻做过咨询，一方在性爱上不诚信，而另一方透过强求、需索无度或控制，在情绪上表现出同等程度的不诚信。丈夫试图在关系之外放纵自己，而妻子在关系里面放纵自己。有时候，显然伴侣双方各自放纵，而有时候，情况比较隐秘且被否认了。这可以帮助当事人对自己和两人的关系负起责任、宽恕另一半并协助救赎对方。请记住，责怪和评断来自罪疚，而这三个面向如果没有完全阻断整个关系，也会使关系的某个领域停滞不前。在看似犯错的地方宽恕对方和自己，这点相当重要，因为宽恕是一种强而有力的爱和疗愈，对两人都有好处。

在婚姻咨询中，我遇到过抱怨自己是唯一给关系带金钱进来或唯一帮助关系成长的个案。但当这些人真正好好检视自己的关系，都会发现，自己的伴侣在其他领域也有所贡献。情况总是如此，除非某方试图要自己的伴侣失败，这么一来，他们就可以离开这段关系或赢得这场竞赛。

不过，还有其他隐藏的平等领域，例如，其中一方独立，而另一方依赖。依赖方正在展现独立方补偿了多少的依赖。忌妒也是同样的道理。一方可能显得像醋坛子，但这类伴侣不过是在展现另一方补偿或解离了多少忌妒。

除了需要被疗愈的领域是同等的，有些关系中所表现出的积极面也是一样的。例如，你臣服于伴侣的程度，将等同于对方臣服于你的程度。你对伴侣承诺多少，对方也将对你承诺多少。就爱而言，这点永远成立：你真正爱对方多少，对方也将爱你多少。

对关系的平等承诺是你所能做到最有助益的事情之一，因为平等会重新平衡彼此的关系。如果晓得出现在自己眼前等待疗愈的问题有多少，你和伴侣恐怕会每隔几天就利用平等来重新校正自己。这么做将有助于彼此联系，朝同一个方向前进，并清除掉评断或可能出现的任何领域的独立。评断一向让人与人分裂，让我们表现得比他人优越。假使你独立，你将会想要继续掌控并要事情照你的意思发展。平等有办法将你或伴侣拉出你们可能陷入的情绪坑洞，它帮助你们穿越情绪的变化和人生的起落，有能力让你和伴侣双双向前跃进，来到两人关系中崭新的下一步。

与伴侣一起对平等承诺吧！任何时候，在你们之间，只要有爱、平安或真实接触以外的任何人事物，就要重新对平等承诺。

找找看，因为你自己或伴侣目前的作为，造成哪个领域有所冲突。找找看，你目前正在做的哪件事，可能等同于伴侣正在做的某件事。

假使此刻的你正抱怨自己是唯一对关系的某个领域有所贡献的人，请看看对方可能对其他哪一个领域有所贡献。

要愿意因两人的关系缺乏平等而宽恕伴侣和你自己。你们的爱会与你们的平等一同成长。对平等承诺吧！

26

没有人是坏蛋

本章介绍责任的一个重要面向，它让人看见，怪罪如何摧毁关系，以及何以怪罪是隐瞒罪疚（也就是自我惩罚和自我毁灭）的一种防卫。本章提出方法，探讨你如何利用“坏蛋”来隐藏恐惧、罪疚、放纵和假设性的借口。

假使你要亲密关系成功顺遂，这是另外一个重要的原则。没有人是“坏蛋”，只有需要帮助的受伤的人、需要教育的无知的人，以及完全不知道自己在关系或任何其他范畴中做什么的糊涂的人。

假使你的生命中有任何的“坏蛋”，这指的是你自己隐藏的罪疚这个自我概念。如果有“坏蛋”，那每一个人必定会得到惩罚。当然，你的评断和怪罪愈多，你隐藏的（或不那么隐藏的）罪疚就愈多，你的自我惩罚也愈重。如果你感觉到纯真，就不会评断，你只会看见有人需要帮助。我咨询过曾经对其他人做过某些极端可憎事情的个案，而他们这么做的原因不外乎是有人对他们做过同等可憎的事情。这样的说法并不是替个案的任何这类行为找借口，而是指出其行为的原因并帮助你理解这样的事。

人不会变好，除非你对他们付出。当伴侣辜负你，这显示，隐藏的竞争是要说明：你是最好的，而你的伴侣是“坏蛋”，或者至少不如你那么好。伴侣是很容易瞄准的箭靶，而且你们俩会自然而然地相互投射。你愈快放弃“坏蛋”的观念，就愈能以成熟的方式响应，而这将有助于你的伴侣、你的关系和你的人生。我发现，只要内在和外在环境许可，人会尽力而为，但每一个人都可以做得更好。将某人归类为差劲的“坏蛋”轻而易举，然而，当问题出现时，却需要更多的勇气、改变的渴望、纯然的决心，才能推动关系往前走。没有童话故事，没有零问题的关系。要童话故事出现，我们全都必须更完整圆满，但我们可以尽力，全力以赴。

当你给某人贴上“坏蛋”的标签，你就不会对当时的情境负起责任，除非你对同一件事心怀罪疚，否则不可能怪罪别人。你所投射的“坏蛋”让你看见自己的罪疚。“坏蛋”对你施行的恶劣行径可能是你对自身罪疚的错误解答。你可能要对方对你这么做，好惩罚你自己。当然，这是一种被埋藏起来的模式。

所有关系都是一种共谋。唯有了悟这点并负起责任，你才会开始发掘下意识模式、小我计划，甚至你在此时此地前来疗愈的灵魂创伤。因为每一份负面情绪都是一个幻相，当理解或真相出现时，负面情绪便会自然而然地改变，因此，你的观点和经验便被完全转化了。

如果不接受“没有人是坏蛋”的原理，你将被禁锢在自己的过往，盲目地过着评断、对抗和报复的生活。然后，如果没有实质上的行动，你也将以隐喻的方式对他人做出别人对你做过的事。你将过着自以为是的生活，好隐瞒并补偿私底下感觉到的大错误。

回顾你的人生，你认为谁是“坏蛋”？你拒绝穿越的是什么？这其中隐藏着什么恐惧？隐藏着什么借口？隐藏了什么放纵？隐藏了什么罪疚？你一直以什么方式惩罚着自己？最后，这一切隐藏了什么天赋礼物？

从前的坏蛋	我拒绝穿越的是什么	这隐藏了什么恐惧
1.		
2.		
3.		
4.		

这给了我什么借口	拥有或保留什么样的放纵
1.	
2.	
3.	
4.	

惩罚并让自己负疚的方式	天赋礼物
1.	
2.	
3.	
4.	

你可以放下过去，改为拥抱那份礼物。你不仅将成为更好的人，还将成为更好的伴侣。爱和纯真将会为你带路。

27

信任的力量

本章介绍信任的疗愈力量，以及为何没有信任疗愈不了的问题。信任以诡谲的方式展开负面的情境，直到只剩下成功圆满为止。信任运用心灵的力量，以正面的方式将真理带到情境中。

如果你的关系有麻烦，代表你的心灵是分裂的，这表示，心灵朝两个方向走，想要两个不同的结果。举例来说，你可能想要爱你的伴侣并拥有幸福快乐的关系，同时另一方面，你可能出于恐惧想要控制，并要事情按照你的意思发展。你自己内在的这番冲突自然会引发外在的冲突。你可能不相信自己正是对抗或教唆对抗的那个人，但总是要有两个人才能对抗。冲突让你看见：你自己的内在处于冲突状态。觉知这点会对你有所帮助，否则，内在冲突会不断地啃噬你、你的健康、成功和关系，而你却完全不明白到底发生了什么事。

当你发现自己处于冲突的状态，不论这个冲突需要下探心灵多少层，都可以呼求自己的创造性心灵前来整合你心灵中各个冲突的部分。当整合完成时，你会知道，因为你将体验到平安。

信任是另一项有力量的疗愈工具。诚如《奇迹课程》中所言，没有信任疗愈不了的问题。就像宽恕一样，信任有力量转化烦扰我们的一切。

信任是将心灵的力量放在正面的结果上。信任是知道，不管目前事态如何，都将出现最佳的结果。

信任是你所做的关乎你将如何运用自己的心灵的选择，若不是朝向爱，就是朝向恐惧。恐惧和担忧是攻击和自我攻击的形式，它们都是建立在评断上的。担心某人是出自“关怀”的一种评断，既是对对方的攻击，也是对你自己的攻击。出自“关怀”而担心某人，是用你自己的恐惧攻击对方。然而信任却使你对当时的情境、你的伴侣和最后的结果有信心。当你信任时，情境便会朝正面的结果展开。

今天，做出选择吧！信任情境会进化到真理，因此快乐的结局可以被体验到。信任整个展开的过程，信任不论事态如何，都将出现正面的结果。信任你自己、你的伴侣，以及情境中的其他相关人等。事情可能看似渺茫，但信任带来光明，它利用你心灵的巨大力量让事情好转。

28

这个问题是一种自我攻击

本章让人看清每一个负面情境何以映射出我们正在攻击自己。自我攻击是这世界的头号问题，而且大部分人都搞混了这点，也解离了自己大部分的不配得、罪疚和自我仇恨的感觉。

假如你知道自我攻击的破坏力有多大，你可能会大感错愕。这世界或任何人做过的每一件事，只要不利于你，都是你自己的一种自我攻击。每当你分裂或失去连结时，你就决定要少爱自己一点。这情形发生在你（以及我们每一个人）的内在，那里有自我仇恨的深渊。你因为罪疚而惩罚自己，而罪疚也是分裂造成的。你所有的恐惧、担忧和任何伴侣对你做过的每一件负面事情，都是你用来攻击自己的方式。这样的自我攻击源自你心灵最初的分裂，当时，你跟我们每一个人一样，开始将自己对自己的所有评断向外投射。为了保持你的小我身份完好无损（你认为这么做会拯救你），你将自我评断从自己的心灵中分裂出来。这个分裂的心灵证明它是难以容忍的，于是你将自己所敌视的向外投射。因此，你看见世界与你敌对，然而，世界对你的攻击之处，其实是你自己自我仇恨的表现。当某人攻击或伤害你时，这个举动与你个人无关，而是被可能已经存在对方内在许久的模式所驱动。另一方面，你要对方以自我攻击的方式对你做的事，就你对抗你自己的部分而言，却与你个人有切身的关系。

当自我攻击和自我仇恨达到致命的程度，你会开始朝死亡的方向走。你体验到的每一份心碎，都是攻击你自己、你的伴侣和你的父母亲。你体验到的每一份心碎，都是对抗他人及对抗你自己的一部分。当然，你会对自己隐瞒，假装不明白你正在攻击自己。

这个问题是罪疚／自我攻击／恐惧三者形成的恶性循环，自然会对你造成重大的关系问题。不过，这些模式可以被转化，而且我将提出三种转化的方法。前两种疗愈法比较着重心灵，最后一种则着重灵性（spirit）。

△

1. 自我攻击之处是你已经停止爱自己的地方。当你爱自己并尊重自己时，绝不会利用别人来伤害你或不尊重你。

扪心自问，要是你知道的话，你什么时候开始以导致目前情况或问题的方式攻击自己？

扪心自问，要是你知道的话，这事与谁有关？

扪心自问，要是你知道的话，到底发生了什么事，让你决定攻击自己？

不论发生了什么事，那个攻击自己的决定都是错误的，它让当时发生的事情更加恶化。若要改变，你只需要去爱当时的自己。不论发生了什么事，都表示你吸收了别人缺乏自爱的那部分，但这的确是你自己的自我攻击引发了这个事件。现在，回到当时，提供爱给当时情境中的其他人和你自己，这会疗愈导致那个事件的恐惧／失落。这个事件可以得到深度的疗愈，整个情境可以因此得到转化。假使你觉得无法为你自己或当时情境中的任何人集结爱，那么请安静地坐着，让自己领受老天赐给你和当时情境中相关人等的爱。如果因为你还不允许自己与老天连结，因此需要更多的爱，那么请让曾经爱过你的任何人的爱，为你和其他相关人等再次进入当时的情境中。当其他人有需求产生，让他们以负面方式呈现，那么你的疗愈就显得更为意义深远。你遇到了这个问题，现在，你有机会让自己和这些人解脱。他们的负面行为来自于匮乏，而爱可以提供你所欠缺的。

你可以重复这个练习，去转化更早以前的创伤，因为刚疗愈过的这个创伤是先前的创伤透过移情作用造成的。换言之，开启你自我攻击的那件事，其实是更早以前开始的某个模式的一部分。如果你知道那是在什么时候开始的，应该是在你几岁的时候。

重复同样的练习，好让自我攻击的地方衍生出完整圆满。这么一来，你可以回去重建与自己和他人的连结。这会自然而然地在你目前的情境中衍生出更多的完整和爱。你可以每天练习，疗愈促成眼前情况的更多情境。

情境不会平白出现，它不是单独事件，而是整棵树上的果实。所有问题，说穿了，都是过往的问题，当你疗愈了过往，就可以和伴侣一起成就更伟大的成功。

2. 每一个问题和负面情境都是防卫，意在隐藏美好的事物。当你拥抱美好，也就是全新的天赋礼物、亲密或奇迹，防卫或征兆就变得没有必要，会被立即释放掉。找出眼前问题所隐藏的美好，接受并领受它，和伴侣一起分享。情境清理得愈彻底，表示你愈接受被隐藏在补偿（出自于防卫）下方的一切。假使问题并没有完全得到疗愈，一定还有更多的爱和连结等待你拥抱。

3. 将征兆和衍生征兆的恐惧以及自我攻击交托给老天为你化解。如果你够勇敢，或厌烦了那个课题，征兆可能会立即出现，否则征兆便可能只是一层层出现。假使情况如此，你只要一再将征兆交托出去，直到你和另一半置身在全新层次的爱为止。

29

它如何服务你？

本章开始探究下意识心灵，说明每一件事物如何为身为人类的我们的某个目的服务。文中先探究小我计划的动力（我们的问题就是小我计划引发的），继之探究责任，以及每一个问题中都存在的下意识要素。这些下意识的要素被否认、解离、防卫，让我们找不到真正的课题并加以疗愈。

就理解自我心灵的本质而言，这一课很重要。身为人类，发生在你身上的每一件事都为你的某个目的服务。你是“有目的”的生物，而你人生中发生的一切都以某种方式服务于你。就表意识而言，在负面情境中，我们并不明白正在发生的是这样的事。然而，就发生在你身上的任何负面情境而言，都显示你已经接受了小我的计划，而非爱自己。假使你爱自己，这事绝不可能发生。你所隐藏的模式、抉择和意图被抛给了下意识心灵。你已经在自己的思维和欲望中否认并解离了你发现自己无法接受的事。这么做并不会让事情停止影响你和你人生中似乎不顺遂甚至具有毁灭性的事件。只要收看每天的新闻就可以轻而易举地证明人的自毁模式倾向。在关系危机中，这份自我攻击会让个人更有切身的体验。这并不是你自己的真实意向，而是你的小我意向。你无须继续投资它。真相是：只要你给它力量，问题就会持续下去。在意识上做到这点很有帮助，但让下意识模式重见光明并做出新的决定也颇有帮助。

如果情境是负面的，可能很难让你相信眼前的情境是你选择的。然而，一旦你对自己的下意识有所觉察，就会领悟到这种事司空见惯。经过两年的咨询，我慢慢地在自己的个人生活和职业生涯中学习到下意识，体验到许多令人震惊的经验，这开启了全新的思考方式。那是 33 年前的事了，而每一年，我都会发掘更多的相关讯息。

由于我对自己的人生负起全责，我的人生、关系和成功完全转化了。我提供这些洞见，好让你可以疗愈自己目前的情境。你是唯一可以做到这点的人，当然，有老天帮你的忙。当你怪罪别人时，你就继续当无助的受害者，陷在自我挫败的模式里。当你负起责任时，你可以改变现状，并认知到，虽然每一个情境都是共谋，但因为你能负起全责，就可以改变情境并让你自己和你的伴侣解脱。

刚开始帮助人们处理他们的关系时，我相信双方的责任各半（五十对五十）。然后我领悟到，两人的责任是一百对一百；最后，我了悟到，百分之百都是我的责任。随着每一次的领悟，我的关系变得更为成功。如果你发现自己的什么观点促成了目前这个陷阱，那么改变你的心灵，你将会改变你的关系和你的世界。

因此，如果你准备好了，我们就开始吧！先好好检视你的首要关系问题。然后，你可以再好好检视过去或现在的其他重要问题。

让我们假装，你想要这个关系发生问题。其实我知道，表意识上，你绝不会要这样的事发生，但为了探究，让我们假装你真的希望这个问题发生。

为什么会这样？

你怎么可能想要这样的事？

这事如何服务你？

假使你还是想不出答案，请针对你的渴望下功夫，因为你渴望认识自己并找出自己隐瞒了什么。这会对你大有帮助。这个练习并不是要将自己对伴侣的责怪转嫁到自己身上，罪疚根本帮不上忙。责怪和罪疚是小我的两项武器，用来壮大它自己并让情境无法好转。小我在问题中壮大，在解决中融化。

这个情境让你能够做什么？

因为这个情境，你不必做什么？

好好思索你的情境，想象这正是你所想要的。当答案真的出现而你完全承认自己该对这些错误的决定负责时，这就是时机，该去选择你自己真正想要的。即使你认同于自己发现的隐瞒事件，也要领悟，只有你们两人都赢，你才会拥有真实的伙伴关系和幸福快乐的亲密关系。其次，要领悟到，不论你试图完成什么，都可以在轻而易举、优雅且没有痛苦的情况下完成。要知道，诞生到全新的层次可以是轻而易举而非困难重重的事。

30

再探下意识

本章进一步探究下意识，并阐明下意识所耗费的某些最大动力（任何问题都包含这些动力）。本章以练习呈现，为的是找出关系中最大问题的根源。

开始阅读本章以前，我要你想想你自己的最大关系问题，然后从 1 到 44 中选出五个数字。将这五个数字记下来，先选到的数字代表最重要的问题。我要求你将数字记下来，因为在面对更深入的探究时，人往往会改变自己选择的数字，而这么一来，就没什么帮助了。要勇敢，这是你的心灵，而且该是你负起责任的时候了。除了你心中的爱，这该是你所拥有的最强而有力的天赋礼物。

一开始，先呼求你自己的高层心灵帮忙，高层心灵早就拥有你所需要的每一个答案。现在是好好发掘你隐瞒了什么并立即将它交托给你的高层心灵的时候，高层心灵的工作就是为你转化问题。

你的下意识就像经过你程序化的计算机，每当你不是有意识地选择真理时，下意识就会朝程序化的方向行进。有时候，这些选择是在一瞬间决定并被潜在力量所抑制了的，有些甚至是在表意识心灵下方决定的。如果你对任何情境负起完全的责任，并立即将问题交托给你的高层心灵或老天为你化解，你就可以转化你的错误决定所造成的结果。这是简单但深奥的疗愈原则。

你的下意识是中性的，但你能够以正面的方式将它程序化。你可以做到这点，只要进入放松、冥想的状态，并为你自己、你的伴侣和你的关系做出选择，你就可以强而有力、栩栩如生且正面积极地完成这件事。下意识听不到句子中的“不”，因此，除非你将肯定句放进来，否则下意识会以负面的方式将你程序化。举例来说，假使我要求你不要想白色的北极熊，你的脑海中会出现什么呢？

你可能甚至想要把自己的正面程序记录下来，所以，当你进入放松状态，也就是临睡前或刚醒来这种小我最无法掌握你的时刻，你可以播放记录的内容，在那样放松的状态下倾听。

以下是阻碍你的 44 个关键动力，每一个动力都可以套用在每一个问题上，但也许有几个动力对你来说特别重要。将你选出的五个数字好好对照下表，以便了解你目前关系模式中的关键动力。

1. 害怕下一步

2. 害怕失落

3. 掌控你自己、你的伴侣，或掌控双方

4. 害怕问题所隐藏的某样礼物

5. 罪疚

6. 抽离

7. 怨怼

8. 评断

9. 心魔

10. 抓住不放

11. 要自己当烈士

12. 独立

13. 企图满足某个需求

14. 抱怨

15. 权力斗争

16. 报复

17. 索取

18. 拒绝

19. 粘连（失去界限）

20. 伊底帕斯阴谋

21. 害怕自己的人生使命

22. 害怕自己关系的使命

23. 借口

24. 放纵

25. 企图证明你对某人的爱

26. 特殊性

27. 自我攻击

28. 负面信念系统

29. 竞争

30. 角色

31. 家庭角色

32. 隐藏

33. 移情

34. 证明自己是对的

35. 为所欲为

36. 权威冲突

37. 业

38. 内在冲突

39. 牺牲

40. 对注意力的需求

41. 分裂

42. 考验

43. 投射

44. 害怕承诺

当然，还有许多其他的动力，有几个我会在后续探讨。

△

下面，让我来简短说明一下这 44 个原理原则。

1. 害怕下一步

害怕向前移动，因为感到自身不足，同时害怕没能力处理下一步的情况。问题的严重性显示下一步的大小，因此这个问题企图使你分神。

2. 害怕失落

归根结底，所有恐惧都来自于害怕失落。之所以不愿向前移动，是因为有个念头，认为如果向前，你会失去某样珍贵之物。表意识上，你可能想要前进，但你的某个隐秘部分却害怕你将失去什么。

3. 控制

企图控制别人，要别人照你的意思做，或者害怕自己可能无法无天，因此企图掌控自己。控制来自于恐惧和从前的心碎。

4. 害怕某样礼物

每一个问题底下都有一份美好的礼物。问题的严重性会让你认出礼物的大小，而问题是这份礼物的防卫或否认。

5. 罪疚

每一个问题都是在企图清偿罪疚。

6. 抽离

这个问题本身就是抽离，同时是更加抽离的借口。

7. 怨怼

每一个问题都是指责的手指，指着别人说："要是你没这么做，这个问题绝不会降临在我身上。"怪罪的情境出现在所有问题的根源。怨怼衍生问题，但就像怪罪和评断一样，怨怼来自你的罪疚，而罪疚保护着你内在所隐藏的那个对向前的恐惧。

8. 评断

你的评断是问题的本因。你的观点被自我罪疚渲染了，将他人全看成坏蛋，应该受罚。就这样，你和他人分裂，将自己看得高高在上。

9. 心魔

你的伴侣已经成为你的心魔。这可能包括许多心魔，而全部的心魔都是你自己的自我概念。你评断自己，抑制了你的评断，将评断向外投射，同时拒绝让自己在别人身上看见自己。你可能正在努力补偿这些自我概念，若是如此，你将否认这个心魔与你有任何关系。有些时候，你很容易认出你的行为与你的心魔如出一辙，这时，你将领悟到，它是你自己的投射。

10. 抓住不放

你正抓住某人或某个事物不放，这让你无法向前，暗地里衍生出你的问题。

11. 当烈士

你企图拯救某人，要自己当烈士。

12. 独立

你假装不在乎，企图解离掉某份过往的失落。为所欲为且不被其他人占有已经成为你的生活之道。

13. 需索无度

你需索无度，企图要他人为你的需求负责。你索取并缺乏自我价值，并藉此将他人赶走。这其中有某份你一直尚未穿越的失落。

14. 抱怨

每一个问题都是对另一个人或另一个情境的抱怨。如果问题够大，就是闹脾气，而你藉此大闹情绪，或利用问题来如你所愿。

15. 权力斗争

这个问题是企图打败某人，是权力竞赛的一部分，在其中，你有时把问题变成了武器。

16. 报复

这个问题是因为或新或旧的伤，企图要某人尝到同样的滋味。你可能正在报复现在和过去的某人。

17. 索取

这个问题是企图索取。你的受苦、伤痛或问题遮蔽住你由于自己的需索无度而企图向别人索取。你因为自己的需求或痛苦，找借口替自己为他人牺牲的行径开脱，不过这点可能已经被解离了。

18. 拒绝

不论你正承受着什么样的苦，这个问题来自于你拒绝接受。拒绝接受的可能是伴侣的行为、情境，甚至是你自己。这会衍生出抗拒、伤痛，甚至是心碎。

19. 粘连

你跟另一个人粘连，而非有所连结。这让你抓住对方不放，因为对方的作为而受苦，且不向前移动。这粘连可能与目前或来自过去的某人有关，也可能两者皆有关系。粘连意味你失去了或模糊了你与另一人之间的界限。

20. 伊底帕斯阴谋

安排这个陷阱，意在完全封锁你自己向前移动的动力、你的天赋礼物和你的人生使命。这个阴谋建立在罪疚、竞争和缺乏与原生家庭的连结上，衍生出外遇、三角关系、没有亲密关系、权力斗争或完全的死寂。它阻碍亲密和成功，假使意识没有觉察到，就将对自己家中成员未解决的性感觉移情到伴侣身上，衍生出死寂、嫌恶，或因为最初的禁忌感而缺乏性趣。这会把你的性能量从伴侣身上转移开，有时候会导致你将自己的焦点指向关系以外的地方。

21. 害怕你的人生使命

利用这点，你可以设下非常巨大的陷阱或阴谋，因为你的认定，你无法完成自己的人生使命。这是重大问题的主因之一。

22. 害怕自己关系的使命

你害怕自己关系的使命是非常大的。你允诺过，要透过你们的关系，一起为生命带来某份礼物。这份礼物可能是孩子，也可能是你们的爱会创造出来的某物。

23. 借口

你正利用问题当借口。基于眼前问题的性质，你相信没有人会对你有任何期待。这让你能够去做某事，或允许你不去做某事。

24. 放纵

你放纵自己，而你的问题允许你这么做。你的放纵可能是身体的、情绪的或性欲的。放纵是针对痛苦和牺牲而自我设定的解决方案，但它阻碍领受，令你精疲力竭，使你自觉罪疚，并导致牺牲的恶性循环。

25. 证明你的爱

由于某种误解，你相信你的受苦将证明你多爱另一个人。

26. 特殊性

你让自己显得比你的伴侣或你的关系更为重要，你把关系营造得全都只关乎你自己。这个问题让你显得特殊。

27. 自我攻击

你正将这个问题和痛苦当作一种自我攻击的方式。

28. 负面信念

没有你的负面信念系统，负面的解决方案就不会出现。当时所有的负面情境和相关的每一个人都映射出你对自己的负面信念系统，因为所有的信念都是自我概念。这些自我概念是你觉察和体验世界的方式。

29. 竞争

竞争来自失去连结，且竞争出现在所有冲突的根源。

30. 角色

角色是去补偿始于原生家庭的罪疚感和失败感。这些角色让你付出而不领受，导致死寂和身心耗竭的感受，它们是基于错误的理由在做对的事，且使你感到沉重而疲惫。在亲密关系中，活在某个角色里就像穿一副盔甲与伴侣相处。

31. 家庭角色

英雄、牺牲和代罪羔羊（坏蛋）这些主要的角色都是建立在罪疚上，而另外两个小甜甜／小丑／福星和迷途／孤儿／隐形小孩的角色则建立在罪疚和不足感上。这些都是你做出某种牺牲的角色，企图拯救被你看得比自己更为重要的家庭。

32. 隐藏

你的问题给你借口，让你隐藏、渺小、不站出来。

33. 移情

所有问题都来自过去，都是未学会的功课和旧时的创伤，在你内在溃烂、留存。你已经将过去的问题移转到现在。你现在不仅有机会疗愈这个问题，更有机会疗愈问题的根源。假使你将问题揪出来，或将问题连根拔起，就可以疗愈整件事。

34. 证明自己是对的

你正利用当下的情境证明自己是对的，即使这么做对你有害。你在证明你所相信且投注心力的某件事是对的。

35. 为所欲为

你正利用当下的情境遂己所愿，或今后有权力要事情照你的意思发展。

36. 权威冲突

这个问题是对抗，是一种叛逆的行为，因为某人非常具有权威性。这人可能是你的伴侣、父母亲或神。最可能的情况是，上述人等全都包括在内。

37. 业

这个问题源自某个过往的模式，而你透过错误、无爱心的行为启动了。这可能来自过往的关系、童年时代或更早以前。

38. 内在冲突

外在冲突来自于内在冲突。你的冲突让你害怕向前移动。你心灵的一部分觉得，如果你依照心灵的另一部分所想要的向前移动，原本这部分心灵将会失败或使需求得不到满足。

39. 牺牲

这个问题在于，你正在牺牲。你正在付出，但并没有将自己包含在付出或领受里面。

40. 对注意力的需求

你正利用目前的问题取得关注。因为你这方的需求、寂寞和缺乏爱，你正利用眼前的情境试图得到爱。

41. 分裂

每一个问题都是分裂造成的结果。分裂滋生问题，而问题是使分裂继续不断的原因。有爱和连结的地方，等同于呼求帮助的问题被融化了。

42. 考验

你利用现有的问题来考验伴侣，看看对方是否会正确回应。

43. 投射

你已将你所评断的那些自己，投射到伴侣和目前情境中的其他人身上。现在，是时候了，该回头承认这些、宽恕你自己，并决定你想要因为这点继续折磨自己，还是想要帮助你的伴侣。

44. 害怕承诺

因为缺乏自我包容和自我价值，你不相信自己或任何人值得受到持续的关注。这个念头使你怀疑、善变、害怕伙伴关系和亲密。小我给了你错误的想法，让你以为自己将失去自由。真相是：你将失去独立，但会得到交互依靠，那会让内在和外在两方面都感到更专注、更自由、更富有。

△

我们将在后续篇章中继续检视其中几个原理原则。一旦你觉知到这些隐藏的动力，就可以对眼前的问题负起全责，且因此不评断或责怪他人，尤其是你的伴侣。你负起全责便可以轻而易举地宽恕你的伴侣和你自己，这么一来，你拥有的就是解决方案，而非问题。

宽恕自己所设下的陷阱并选择向前迈进。当你愿意向前移动，下一步将自行展现在你面前。下一步绝对只会更好。唯一阻碍你们两人向前移动的，就是你害怕下一步不会比现在更好。

关系中的经济之道在于：如果你向前迈进，你和伴侣之间就不再有冲突，且由于你所完成的疗愈，对方会被提升到下一步。当你对关系做出这些极其重要的贡献，伴侣也会做出同等的贡献（通常出现在其他领域）。你所付出给伴侣的，等于付出给你们两人、你们的关系和你们的家庭，并在更伟大的层次上开启领受之门。你所有的付出会增加你们之间的连结，而这是你踏上天堂阶梯的另一步。

31

负起责任

这一章很短，运用一个简单的灵性方案，解决我们所面对的任何问题。

这个方法简单但有威力，你只要对当时的情境如实地负起完全的责任即可。这么做会移除掉阻挡恩典的责怪和罪疚。少了责怪和罪疚，你自己和你的伴侣就会得到响应，开放、坦率和有爱的沟通就会出现。

难道你不爱伴侣对你有所回应?！难道你不爱感到自己对伴侣有所回应?！这是响应力、温柔和亲密造成的效应，当自我攻击消失时，它才会出现。

你的责任感让你有力量、增加你的成熟度，它使你敞开心扉，对其他人、大自然和上天有所回应。

一旦你对情境负起完全的责任，请千万不要抓住情境不放，而是要立即将它交托给老天和你自己的高层心灵解决。假使抓住罪疚和责怪不放，你也只是在与其他人和你自己抗争，而且会阻碍恩典的到来。如果负起责任并立即将情境交托出去，你会置身在奇迹之境，这是上天对你所有问题的响应。此外，奇迹也是你天生承继的资产，但这份礼物和力量已经被压抑到无意识的最深处。现在，是将奇迹带回来的时候了。除了你的问题，你有什么好失去的！小我需要问题来壮大它自己，但你比你的小我大太多了，何况你也不再需要这些问题了。

32

疗愈投射

本章探讨投射的本质，或心灵如何面对我们所不喜欢的自己。接着继续指出，人如何将自己的自我概念投射到周遭的世界，以及如何以非常正面的方式转化这些投射。

适用于关系的原则中，这是最有帮助的，它帮助你改变你伴侣的人生，而非你人生中的伴侣。一名女士参加了我在德国的工作坊，并写了一本畅销书，名为《爱自己，跟谁结婚都一样》（Love Yourself and Marry Anyone）。我要在此提出的原理是：你有能力改变伴侣逼得你抓狂的特性和小瑕疵，因为，这些特性和小瑕疵其实是你自己的。我亲眼看到接下来这个练习完全转变了一段一直意见相左且濒临分手的关系。练习进行 15 分钟后，双方都以全新的眼光看待另一半。

你可以每天对身旁的人运用这个疗愈原理，这会帮助他们、这世界，还有你自己。你会学到用自己的力量创造不一样的人生。

疗愈投射的原理始于对你的观点负起责任。你的观点都是你自己的投射。你已经将自己的心灵投射到外面的世界了。

你看见的负面性是你自己的，你看见的愤怒和攻击是你自己的。此外，你看见的天赋礼物和崇高伟大也是你的特质，然而你害怕它们，并以某种方式评断它们。你内心里所认同的部分以及你与自己疏远的部分，两者之间所造成的心灵分裂，就等于你与伴侣之间的距离。你，以及我们其余的人，都有许多的自我评断，多到你与你所评断的部分都分裂开了。然后，你将那部分压抑并投射到外在的世界，假装它不是你。我运用过这个原理好几百次，成效卓著。在你听来可能不可思议、不太可能，但不妨试试看。它将使你的人生轻而易举许多并为你的关系创造惊喜。

假使一切事物都是投射，那么你的伴侣就是你心灵的镜子。你可以将你的伴侣视为你试图赢回的灵魂的关键部分。假使你有个终身伴侣，那就会有足够的投射得以一辈子展开并疗愈。你可以穿越下意识和无意识的差异和评断，一路赢，直到只剩下甜美的平安和源自深度爱意的喜乐。同时，你这辈子开发的天赋礼物，将开始在你的伴侣身上发展，且反之亦然。

一旦你懂得疗愈投射的原理，就可以将它运用在前伴侣、家庭成员、同事、新闻人物等人的身上。但最为珍贵的经验是：能够改变存在于你和伴侣之间的长期对抗或不快乐。据我所知，只要有意愿，这个方法绝不会失败。单是这个原理就已经拯救了不少婚姻，因为当观点改变了，你的经验就会改变，而实相也会为你和你的伴侣而改变。

这个方法很简单。

制作一份表，列出你的伴侣真正困扰你的特质，从 1 列到 12。

看见你的伴侣拥有那项特质并拉回那份投射。承认那是你的特质（假使你已将自己这个信念隐藏在补偿底下，这个动作会相当困难）。单纯地将这项特质视为你的一个自我概念。若要帮助自己做到这点，请进入步骤三。

当你拉回这份投射时，请仔细想想，你是否会做你一直对伴侣有所抱怨的那件事，或者恰恰相反，你宁死也不愿做那样的事。或许，你两种情况都有。如果有人认为你拥有这项特质，你就觉得极端受辱，这是补偿的确切征兆。这表示，你一直举止得宜，做着配得奖赏的善行，但因为是补偿，你从不领受自己配得的奖赏。现在反问自己，你有多少个类似的自我概念，就像你对伴侣有所抱怨的那些特质。

但是请先注意，无论你是为这些负面特质做补偿，还是有时候将它们演绎出来，你都一直因为这些自我概念而苦苦折磨着自己。现在，关键性的问题出现了：你想要继续折磨自己并保持自己与伴侣之间的分裂吗？还是你只想要将这一切抛诸脑后并全力帮助另一半？你若不帮助对方，评断必将存在，你们两人必将受苦。

来到伴侣面前，拥抱对方。假使当时的情境并不允许你这么做，就在想象中这么做吧！延伸并扩展你的爱和帮助。

针对所有特质重复这个练习，看看你的伴侣现在是什么模样。

这是个简单的练习，如果你用它来转化自己的负面观点和评断，会对你的人生产生更加深远的影响。

33

外遇

本章探讨伴侣有外遇的原因，将外遇视为错失了在关系中向前跨出一步的机会。本章特别探讨碰到诱惑时会发生什么事，并把诱惑视为小我的陷阱，意在拖延我们，阻碍被外界诱惑的同一特质在你的关系中发展。文中将外遇视为关系中的十字路口，你要继续向前，还是要偏离轨道至其他方向？

假使伴侣有外遇，假使你并不能立即知道答案，本章会谈到该如何决定离开或留下。本文将告诉读者，无论离开或留下，该如何疗愈伴侣的外遇所带来的影响。此外，如果你是有外遇的一方，本文也会帮你好好找寻疗愈的方法。

在我还是王老五的某一瞬间，因为尚未学到如何穿越关系中的死亡区期，我放弃了一夫一妻的关系。我过着典型的单身生活，有许多的伴侣，而且我很公开，诚实对待所有的伴侣，她们都知道当时的我还跟其他人约会。但经过五年的“研究”，我领悟到，自己愈来愈分裂，跟谁在一起都不如以前开心。这段时间，我针对诱惑做了许多的研究。我原本以为，诱惑的目的是要人为它坠落。又一次，基于研究目的，我没有因为诱惑而坠落，而是不断将自己的能量集中在伴侣身上。我享受到与这位新女友之间的连结和友谊，因此这段恋情持续的时间比我多数的恋情长许多。这时，我惊讶地注意到，原本我深受这段关系以外的某份敞开心扉的温柔特质所吸引，而在接下来的两周期间，我的女友也发展出同样的特质。我的好奇心大了起来，在接下来几次受到外界诱惑时，我都好好研究这个现象，将自己的能量回归到伴侣身上，就总是得到相同的结果。我的伴侣不久便发展出原本诱惑我的那项特质。这点知晓对我的婚姻有莫大的帮助，而且屡试不爽。

就在这段时间，我领悟到，我幸福快乐的最佳机会是在有承诺的关系里，而且现在该是找寻终身伴侣的时候了，而我希望这个对象可以跟我一起穿越死亡区期。在我的独立期间，我起码对自己够诚实，因而了解自己解离和功能障碍的状态。单身生活的光环不再吸引我，我想要关系中有某种明确有深度的东西，而且我真的找到了。我想要忠于我自己、我的婚姻和我的伴侣，因此，我希望能够在结婚之前先行免除掉外遇。当时的我已经走在那条路上，而我想要更好的出路。在我的婚姻中，尽管曾经有其他的吸引力诱惑着我，但我从不曾认真考虑来段外遇。我单纯地将这股能量带回到伴侣身上，并享受两人关系中的深化过程。多数时候，我都是关系中的独立方，承受着那个位置所承受的吸引和诱惑之苦，但我非常信任自己能够坦诚，何况我绝不想要做出伤害妻子或自我诚信的事。我为数百名父母亲曾经有过外遇的成年子女做过咨询，而我绝不想要自己的孩子或妻子承受那样的苦。

因此，我不断倾尽自己，全心全意对待我的妻子。而我所给出的，我当然已经从我妻子全心全意的爱中领受到回报。

外遇可能是偶发的，或只是激情所驱动的。外遇看似非常刺激、隐秘而危险，但事后，随之而来的是戏剧性事件、痛苦、罪疚、争吵、对抗和幻想破灭。这时，当然，你在关系中不断积累而来的一切事物都要承受风险，而事业也有可能从此一蹶不振。外遇的吸引力一部分是来自于不愿意在婚姻中让"性"展开它所有的状态。除非你已事先切断自己内心和生殖器的连结，否则，"性"在关系初期是充满刺激的，因为多年来你通常被警告要避免与某人发生性关系，但现在却能够这么做。社会的警告、男女性别的隔离，不断积累许多的能量、吸引力和尝禁果的召唤。这是性的第一阶段，非常吸引人，因此，假使你并没有准备好前进到性的第二阶段(所谓的第二阶段，是不论伴侣的情绪状态为何，都能透过与对方结合而真正和伴侣做爱)，就会不断试图回到似乎更为刺激的性的第一阶段。你藉由寻求淫荡或禁忌达到这个目标，而外遇会带来禁忌的所有吸引力／刺激感。性的第二阶段更有挑战性，它重新连结你的内心和性。然而，假使当事人并没有准备好向前跨出一步进入亲密，就会继续寻找"禁果"的刺激，而外遇似乎提供了这样的兴奋感。

我见过伴侣一方利用外遇示意关系的结束。然而，我也见过外遇点燃新的沟通，引导关系进入全新的承诺阶段。我见过外遇是抗争的一部分，而有时候，又是孤注一掷，企图跳脱人生和关系中的死寂。我见过对伴侣外遇漠不关心的配偶，也见过因伴侣外遇而气到要杀人或自杀的配偶。外遇可能非常令人心碎，心碎到有些人选择一辈子再也不能从外遇事件中走出来。另一方面，外遇也可能是功课，让伴侣双方很快学会并继续前进。

一桩外遇代表错失一次机会。就在关系即将向前跨出下一步之际，你的小我献上诱惑来分裂你的心灵。多数情况下，独立方是感到自己被诱惑的那一方，而依赖方则感觉到更多的需求、痛苦和浪漫。虽然独立方感到更为解离，但因为对抗和权力斗争的关系，独立/依赖的角色平衡可能经常转换。

当你是独立方时，如果你一直不是个好伴侣，并未靠近对方并看重另一半，以创造另一段浪漫期，那么当控制权翻盘时，你的伴侣往往也会同样独立。我听过一个丈夫极端独立的故事，这人是樵夫，靠卖炉灶和壁炉用的木柴赚钱。然后他断了双臂，整个上半身打上石膏，没人帮忙无法自行穿衣、吃饭或上洗手间。不用说，现在处于独立地位的妻子，以其人之道还治其人，并不回应他的需求。有时候，你转换成依赖方，意在平衡自己。我见过孩提时代相当独立的人，在人生快结束时变得非常依赖，似乎在努力平衡自己。

当关系终于有机会突破时，往往是因为你的伴侣即将发展出你一直抱怨对方无法提供给你的某项特质。通常这时候，小我会以另一段关系的形式将这项特质提供给你。小我并不想要进一步的亲密和成功，如果你持续将自己的能量专注在伴侣身上，这一步的确会发生，因此小我会在关系外献上此刻你所欠缺的。这份诱惑和坠落会分裂你的心灵，且随着时间的流逝，恐怕会因罪疚而将你撕成两半，尽管你一开始就解离了。最终，这会壮大并强化你的小我。

虽然伴侣的不忠在关系的任何时期都会造成极大的破坏，但若外遇发生在关系刚开始你还不太了解对方，或者你还不太懂得独立/依赖这门重要功课之前（许多心碎会发生在这时候），似乎尤其具有摧毁性的影响。我发现，这些心碎最具摧毁性的部分是美梦破灭，这些粉碎的美梦绕着关系和你原本认定的真爱（也就是你的伴侣）打转。许多时候，外遇是最后一根稻草，安排它作为决裂这段关系的借口，心碎的人会因此生气，气到从伴侣那里赢回控制和独立权。当关系中谁独立和谁掌控的地位改变时，就是这段关系最危险的时候，因为这时最容易分手。

重要的是，伴侣双方都记得对平等承诺。早年在我第一段真正的关系中，当时我的伴侣（她是独立方）不忠，我身心交瘁、心碎失望。当我回顾这件事，自己当时情绪依赖的程度恰恰等于对方所缺少的性爱诚信程度。由于理解自己如何利用那些事件成为独立方，这让我能够宽恕并得到自由。此外，透过这次的心碎，我也再次经历许多童年时期的心碎。那个模式早在我认识女友之前许久就成形了，而我盲目、不经意地陷入其中。那时的心碎好强烈，强烈到不做自毁之事就无法忍受痛苦。当时，我领悟到，在关系上，假使我不成为亲密关系专家，恐怕会熬不过去。因为女友的外遇，我开始懂得心碎、情绪和自我挫败模式。简言之，我开始疗愈我的关系和童年时代的痛苦。

有则关于外遇的老笑话，内含何谓外遇的精髓。

故事讲的是歌蒂和阿比，他们是长岛的一对新婚夫妻。新婚之夜，当他们初次害羞地做爱时，歌蒂对阿比说：“阿比，我们每做一次‘做那件事’，你能不能为我留些钱在梳妆台上？”

“什么！”阿比大嚷：“你是我老婆，我干吗要为你留钱在梳妆台上。”

“阿比，”歌蒂插嘴道：“拜托，如果你爱我的话，为我留些钱在梳妆台上。”

“哦，好吧！”阿比让步。

40年后，阿比即将退休，他凝视着歌蒂的双眸说：“工作了四十年，我为我们存够了钱，可以买间小屋退休住。”

然后歌蒂边笑边说：“阿比，你知道你为我留在梳妆台上的那些钱吧！我把钱全都存了起来，我们可以买一间房子，而不是小屋。”

阿比跳起来大叫：“该死，早知道，我就把所有的钱都投资在你身上！”

你有许多的潜在能量可以投资在你的关系中，但如果你却把能量完全投资在别的地方，就错失了可以衍生出更多疗愈、健康、快乐和富足的机会。你可以用幻想、懊悔、罪疚、失去诚信等徒劳的冀望来分裂自己的心灵，或者，你可以建立某样有持久价值的东西。

你的能量会以许多方式被放纵并流失，包括色情、幻想、购物、占有、超时工作，所有这类能量都是可以集中并投资在你的伴侣身上的。每次向前迈进，你都在自己和伴侣之间建立起另一条连结。你开始发展出对方拥有的某种天赋或能力，而对方也发展出某种你所拥有的天赋。然后由于那份连结和相对应的向前迈进，你们两人逐渐发展出另一份全新的天赋。随着每一次心碎，反倒会有一段蜜月，作为你们全新学习、疗愈和成长的回馈。在你疗愈之际，会有更多的爱和平安注入你的关系中，而你可以终生建立某样深刻而有意义的事物。

外遇还有其他面向，我会在后续的“死亡区期”和“伊底帕斯”两章中重新探讨。而现在，让我们回到眼前的问题。让我们想象，你的伴侣有了外遇。你必须决定，是否还要继续这段关系，继续这段关系对你是否还有价值。

关系中的外遇是十字路口。你要继续建立这段关系，还是要放弃，将外遇视为自己一直走错路的征兆？有时候，重要的是你要先清除掉某些或所有的痛苦，才能够清楚地看见这个问题的答案。留下来的积极意义在于：你已经投资在这段关系中的一切，可能包括小孩在内。这些全都要好好检视并加以考虑，才能决定要离开或留下来陪同另一半。假使你继续向前，不陷在外遇的痛苦中，那答案将会很明显，你甚至不需要做决定。就继续前进吧！前进的每一步都会减轻痛苦，让人从正确的角度看待那桩外遇。疗愈会将隐藏在外遇底下的痛苦转化成学习和智能！但如果你解离、独立，而非藉由离开或将关系的控制权夺到自己手中来面对你的痛苦，那就只是把痛苦存起来，留待以后面对。假使你持续疗愈并继续前进，不陷在任何特殊的情绪上，那你将会明白，这桩外遇只是走向幸福快乐途中的一次脱轨，或是跳入更美好的关系的一块跳板，又或是这段关系的终点。如果你认清这是关系的终点，而你已经完成了自己的疗愈作业，你就将会友善地离开，不让这段关系或外遇牵绊你。将来这位前伴侣还会是你的朋友，而且就业力而言，对方永远在你的队伍上。当对方在成熟度上有所进展时，你也会跟着进步，且反之亦然。

疗愈外遇的各阶段——伴侣外遇

1. 首先，对所发生的事负起责任，放弃责怪、攻击他人和自我攻击，否则你不会向前移动。有时候，愤怒和伤痛是你偷偷抓住不放的方式，而抓住不放正是问题的一部分。唯有负起责任，你才可能纯真、有力量，运用更好的新出路转化你自己和你的关系。

2. 假使伴侣有外遇，那么此刻的你就正处于依赖的地位。答案并不是你转进独立的地位，这么做是向旁边跨一步，意在夺取控制权并要自己不那么重视另一半。贬低你的伴侣等于贬低你的关系和你自己，是心理上的死胡同。你想要做的是疗愈自己的情绪和关系，它们是你的情绪，它们将会牵绊你，或者，当你疗愈了它们，你的内心就将变得更有活力，你将敞开心扉，来到关系中更为成功顺遂的层次。对你身为依赖方的地位负起责任，对平等承诺，对你的人生和关系中的下一阶段承诺。下一步绝对只会更好。不断穿越你的情绪，不是彻底感觉情绪，直至你达到平安为止，要不就是放下情绪。灵性连结能力超强的人可以将自己的情绪一层接一层地交托给老天，直到再度只剩下爱。这绝对是前进的真实方向。

3. 伴侣外遇所代表的若不是对抗，就是要表达小我，企图以只会招致更多问题的方式面对关系中的死寂。这桩外遇代表你和伴侣都害怕亲密和关系的下一步。就你而言，它代

表一种自我攻击和自我惩罚，是基于从前某种不真实的罪疚。

反问自己，当这个自我攻击的根源开始时，你几岁？

当时有谁在场？

当你开始攻击自己时，发生了什么事？

当你决定惩罚自己时，发生了什么事？

当你决定应该惩罚自己时，你几岁？

有谁在场？

在这两个事件中存在着一个错误。你接收到当时情境中相关人等的负面情绪。

在关于自我攻击的那个情境中，反问自己，当时你带来了什么礼物要疗愈每一个人的自我攻击。想象你自己回到负面事件尚未发生之前，打开这份礼物，与情境中的每一个人分享。带着那份正面的感觉向上，穿越你的人生，一路从当时来到现在。

现在，反问自己，在关于自我惩罚的那个情境中，你带来了什么礼物要疗愈每一个人。运用这份礼物帮助大家的另一个办法是：你亲自逮到那份自我惩罚（你的确这么做了）。回到那个事件。当时你内在拥有什么会帮助大家解脱的礼物？打开那份礼物，与事件中的每一个人分享。现在，带着那份正面的能量向上，穿越你的后半辈子。

4. 假使你很痛苦，感觉不被爱或需索无度，反问自己，这份情绪开始时，你几岁？当时有谁在场？

要是你知道的话，当时发生了什么事？

当时你带来了什么要帮助大家解脱的礼物？打开这份礼物，与当时在场的每一个人分享。现在，带着这份正面的感觉，让它向上贯穿你的整个人生。

这个练习可以一天重复几次，当你疗愈了过去，现在的自己就会更完整、更有自信。

5. 反问自己，要是你知道的话，导致这桩外遇的根源始于你这一生的什么时候，那是在你几岁时？

这个根源开始时，有谁在场，这人可能是怎样的？

当时发生了什么事，八成是什么样的一件事？

由于这个事件，你对自己做了什么决定？

你对人生做了什么决定？

对关系做了什么决定？

对男人做了什么决定？

对女人呢？

对“性”呢？

从那时候开始，你决定了什么事你是必须要做的？

你可以决定放下所有从前的信念，改而选择你现在想要相信的。此外，你也可以选择你想要做什么，而非你必须做什么（当时你所做的是出于必须）。决定你必须做某事，即使那事是正面的，也是自我挫败，因为这会成为一份期待，隐藏着强求、需求，并可以为任何人带来压力、身心耗竭和不满足的感觉。

现在，回到这个你可以领受神之爱的起点，神对你的旨意是要你获得完全的幸福快乐。现在，帮助当时情境中的其他人完成同样的事。看看这么做如何改变当时的情境。带着这份爱和幸福快乐而非原本的负面模式，穿越你的人生。

你可以重复这个练习，为自己看看，是否还有其他根源。

如果外遇的人是你

假使你是有外遇的一方，你可能会问这个重要的问题：该不该将外遇事件告诉另一半。对你们的关系来说，这个问题非常重要。我自己偏爱一切开诚布公，这么一来，你会看见自己要面对什么，且一切全都摊在台面上。但有些伴侣完全不想要听到另一半的不智之举。有些人觉得，这会强迫他们采取行动，有时甚至会导致关系决裂。有些伴侣觉得，把事实告诉他们，要他们受那么多的苦，另一半这么做真是极端放纵。而且，把外遇告诉他们，这样的做法就像另一半有外遇一样放纵。

就某个层次而言，当自己的伴侣有外遇，每个人都会知道，但上述这种人选择不在表意识层次上觉知这件事。当人们来找我，问我是否要把外遇一事告诉另一半？我会建议他们对真理承诺，对下一步——也就是问题的答案，等待他们的地方——承诺。此外，我还建议他们呼求清楚的征兆，以至于不会弄错答案且明确知道怎么做对大家最好。

外遇的罪疚可能会迫使你分神，但疗愈是你的责任。外遇是错失达到新的亲密层次的机会，而罪疚也是一样。因为放纵自己，你给了原本会在你们之间融化掉的那一点小我一次缓刑，但你事后抓住不放的罪疚会证明，它才是从此以后你与伴侣之间的一道墙。你可能犯了错，甚至是一个非常大的错，但重要的是：不要因为抓住罪疚不放而让错误更加严重。宽恕你自己，以及目前情境中的相关人等。心怀罪疚是学不会那门功课的。你的罪疚会强化那个错误，这将使你不是利用罪疚设法自我控制，就是藉由另一桩外遇或继续目前的外遇来隐藏罪疚。这些小我的解决方案就是行不通，且会将你导入错误的方向。放下罪疚则可以让你学会这门功课，并允许你与你的伴侣发展出更多的爱和连结感。

你可能解离得非常严重，严重到似乎感觉不到外遇的罪疚，但罪疚还是存在。你可能非常独立，独立到并不真的在乎另一半，因此行径自私。看似你并不怎么在乎你的伴侣，而且，虽然你看似放纵，但也不怎么在乎你自己。假使你真的希望拥有成功美满的关系，你的独立和解离都需要被转化。因为解离，你无法享受你所拥有的，你无法真正感觉你自己或你的伴侣。有时候，你因为外遇而情绪大乱，企图赢回某种感觉的能力，否则你会变得更加独立并继续解离。独立和解离这两个选项都让你朝错误的方向前进，同时远离生命。

是该好好对你自己和你的人生做出承诺的时候了，否则尽管拥有许多伴侣，你却永远不满足。

假使犯了错，你也可以确实地利用错误，从中学习，让自己在关系中向前跃进。现在，是疗愈自己并修正错误的时候了。如果你陷在三角恋情中，无法决定该怎么做或该选择哪一个伴侣，我建议你直接翻到“承诺”和“伊底帕斯”这两章，查询我亲自见证奏效过许多次的建议。

现在，复习一下这节之前的那些练习，重复外遇根源从哪里开始的练习。你非常可能最终是在罪疚、心碎和觉得不被爱之中找到根源，这些通常是你已经解离并加以补偿的情绪。外遇是确切的征兆，显示你在错误的地方寻找爱。你对爱的需求已经转变成追求特殊性或小我之爱，这填不满你内在的空虚，只有疗愈或真爱才能满足你。与其搜集廉价的小饰品，不如好好在你的关系里，并透过关系储存真正属于你的宝藏。

34

承诺

本章谈承诺，说明承诺在长期关系中的力量和必要性。文中揭示，我们既缺乏自我价值又不看重他人，因此导致害怕承诺。

在任何成功美满的关系中，承诺都是决定性的要素。如果学到这点，将会替你省下许多时间，并让你轻而易举穿越长期存在的问题。承诺有那份力量，不仅让你穿越正困扰你的那一步，也可以轻而易举、优雅地做到这点。虽然你绝对会持续深化你的学习，但承诺可以帮助你学到眼前的任何功课。不论眼前存在的是什么课题，都不会再直接出现在你的面前，它将获得正解，而且因为学会了这门功课，当下一个问题或课题出现时，你将更容易穿越。承诺不像攀爬过某个问题的山峰，而像飞越过一整系列问题的山峦。由于承诺而发生的蜜月不仅只是克服单一问题而得到的蜜月，更是成功踏稳全新一步所得到的回馈。

承诺是全心全意给出自己，是完全选择你的伴侣。尽管其中有害怕、顾虑或陷阱，但由于你完全给出自己，你会被提升到全新的伙伴关系、亲密和成功的层面。伙伴关系连结你们，让一切事物更为轻而易举地完成，并赐给你们两人专注和自由。随着你们两人的前进，将会出现其他时机，召唤你们两人前来承诺和重新承诺。

在关系的任何阶段，都会有多达三百到三千门的功课，数量多寡取决于你拥有的是激情型还是兼容型关系。激情型关系的权力斗争期较长，而兼容型关系的死亡区期较长。我知道不少激情型夫妻在一起三十多年，还没有成功穿越权力斗争期。

承诺会带来真相。因此，如果你对不忠于你的伴侣承诺，对方通常在接下来的一个星期左右就会跟你道别。当这事发生时，没有痛苦、罪疚或责怪，这都归功于承诺原则。你已经前进到新的阶段，如果与这位伴侣在一起不再符合真理，那关系的终止会迅速发生在这个新的层次，且相关的一切会以友好的方式呈现。

透过承诺，你会看到，继续在一起将不再服务于你或使你开心。由于承诺，没有人会觉得罪疚，你不会，你的伴侣不会，如果有小孩，小孩也不会。在多数有小孩的案例中，承诺让父母亲重聚在一起。但对有些案例而言，关系及相关的一切，都会以纯真无罪的方式自然而然地结束。承诺可以疗愈权力斗争期的对抗和抽离，以及死亡区期的死寂和疲惫。

此外，承诺并不是一次就够，而是需要持续不断。持续承诺让你能够得到关系带来的更多回馈。虽然承诺需要勇气，但因此展开的伙伴关系层次绝对值得你这么做。这些层次带来美、理解、意愿和爱。因为透过承诺带来的莫大连结，才有轻而易举的爱和成功。所有问题的根源都在需求和评断。透过承诺，你提供需求给自己的伴侣，也因此超越了评断，而问题和问题中隐藏的恐惧便在透过付出而出现的爱中融化了。承诺是了悟：在关系中，正是你所付出的，会使你幸福快乐，并让你和伴侣得以不断成长并扩展自己。当你不再对伴侣付出，你的伴侣便停止成长，而你也不再幸福快乐。一份关系会出现上万个征兆，而透过对伴侣和两人的关系完全给出你自己，就可以疗愈你或伴侣心灵中数百，甚至数千个这些潜在的冲突。

害怕承诺其实与不配得的感觉有关。当心中有无价值感，你就会觉得你自己或任何人都不值得受到持续关注。承诺会改变这一切，让你能够看重你自己和你的伴侣，并带来平安感和内在探索。因为承诺，你不会再忠于那个一味索取并远离你伴侣的小我，而会更忠于你自己、你的伴侣和你的关系。

我在前几章里解释过，关系中发生的事永远是平等的，因此，你愈承诺，伴侣就愈会做出同样的事。假使你认为自己承诺了，而伴侣依然独立，那你就是在把依赖伪装成承诺。有时候，这个伪装成承诺的依赖会在伴侣之间轮流出现，一个先想要结婚，然后是另一个想要结婚。不论你如何称呼它，只有承诺会将你成功推进到下一阶段。承诺不仅是完全给出(这是一种有威力的爱)，更是完全给出你自己。这是你所拥有的最珍贵的礼物，而且是关系和所有其他成功的关键。有问题的地方，承诺一定可以疗愈它。

许多时候，承诺是诡谲的，因为当你觉得负面或正在评断伴侣时，伴侣似乎是你最不想要承诺的对象。然而，当你做出承诺，而且只有当你做出承诺时，你的观点才会改变，而对方才会变好。如果伴侣在某个层次上失败了，对方正是非常需要你，而且唯有别无动机地真正给出你自己，伴侣才会成功。当课题出现时，并不是因为你一直没有对伴侣付出，而是因为现在，下一个课题已经出现在你们之间。课题带来机会，让人能够得到更大的承诺和更多的连结。

承诺是一项伟大的省时工具，不断加以应用，一切事物都禁不起承诺的力量。没有承诺转化不了的问题，因为承诺可以轻而易举地带来真相、方向和自由。每当有困难时，你的承诺就是解药。

练习

1. 忆起两人最初的爱和那种充满希望的感觉。针对这点，好好沉思片刻。

2. 制作一张表,针对你的伴侣,列出你欣赏对方的所有事情。

3. 再一次全心全意选择你的伴侣。全神贯注地集结你所有的愿力做出这个选择,再一次对伴侣全然给出你自己。这样的付出是一种宽恕。你的付出满足了解决问题所需要的补偿。

35

道歉

本章谈到提出真诚道歉的力量，它可以使我们的关系大为不同。文末更提供了一种强而有力的疗愈练习。

真诚道歉可以使关系大为不同。如果你是解离、独立的一方，或者，如果当你们来到死亡区期，而你是英雄、“硬汉”型的一方，那么藉由道歉，你会使你的伴侣真正大为不同。我曾在瑞士带过一个关系工作坊，当时我正向一对年轻夫妻中的男方解释道歉的力量。他显然是独立方。我愈讲，他脸上的表情愈茫然。因为解离，他经常感觉不到妻子的感受。为了示范，我站在离女方约六步远的地方，凝视着女方的双眼，敞开心扉并道歉。然后我往前跨一步，更靠近女方，凝视着她的双眼，敞开心扉说我很抱歉。等到我跨出第三步并道歉时，女方突然哭了起来。等到我跨出第五步，女方号啕大哭。我向仍旧一脸茫然的丈夫示意，要他过去抱着妻子。当丈夫开始说他很抱歉，先是小声说，后来大声些，而当丈夫抱着妻子并道歉时，妻子便开始放声大哭。

不真诚的道歉完全没有价值。道歉不是犯错的借口，它只是承认，你犯了错，承认你以某种方式侵犯了你的伴侣。道歉是承认你该负责任，但如果你心怀罪疚并鞭打自己，你其实是在强化那个错误。这么一来，你既没有学到该学的功课，也没有为了更靠近伴侣而做出可以补救当时的情境的必要改变。

如果你的道歉不真诚，也没有改正错误，那你就是在让另一半领悟到，你不可信赖，然后你的话会愈来愈没有价值。

即使当发生在伴侣身上的事并不是你直接的责任时，你的道歉也是在表达对发生在伴侣身上的事感到难过。举例来说："很抱歉你今天过得不好。"用这话表达你的爱，并告诉伴侣，他当天过得如何对你很重要。

想一想，你想对伴侣道什么歉，并分享道歉的内容。这是一种超越冲突和竞争的绝佳方式。一旦领悟了道歉的力量，你可能会想对你无意或故意亏负过的每一个人道歉。

若想要更进一步，不妨试着针对你认为伴侣对你做过的事向伴侣道歉。你可能认为，自己永远不会对伴侣做那样的事，但请谨记，一切事物都是平等的。如果针对你认为伴侣对你做过的事向伴侣真诚道歉，你将会感觉并明了你的道歉中所包含的真理。我们来举个例子吧！假设你的伴侣可能有外遇，而你可能没有外遇，但如果你真诚道歉："很抱歉，我对你没信心，不尊重你和你的感觉。"你将会感觉到自己话中的真理。别人不可能对你不忠，除非你对对方没信心。藉由道歉，你穿越了这桩共谋。

36

对另一半付出

本章说明，关系中的付出不仅能促进关系，同时也能消融问题。文中探讨灵魂礼物的概念，阐明我们带了这些灵魂礼物，意在帮助伴侣和两人的关系更加完善。

如果你全神贯注在对伴侣付出，你将同时对自己付出，满足你自己并开启领受爱的大门。如果你全心对待伴侣，伴侣也将全心对待你。一旦你放弃试图向另一半拿取或索取(这么做只会导致痛苦)，你就会有意识地促进并改善你的关系。你将会离开中心点的位置，进入平等的伙伴关系。

每当你付出，就是付出爱，这会帮助你的伴侣，并在你需要帮助时得到帮助。除非你对另一半付出，否则你的伴侣不会变好。如此全神贯注地真心付出能促进你和伴侣双方的完整圆满。当你的伴侣生病时，当你的伴侣受苦或有问题时，对方正在呼求你的爱，因为他没有力量爱自己。这就是所谓的伙伴关系：互相帮助，一起共享好时光，同时相互取悦、丰富彼此的人生。

当伴侣出现不是爱的行为时，对方是在呼求帮助，特别是在呼求你的帮助。如果你记得神，如果你记得神随时在一旁帮助你，就可以轻而易举地做到这点，这么做可以提升你的伴侣、你的关系和你自己。当伴侣求救时，你抗拒，以无爱的方式响应另一半的诱惑。这会让你自己、你的伴侣和你们的关系有价值，这点与牺牲恰好相反，牺牲使你贬低你自己、你的伴侣和两人的关系。

当年我与海军陆战队合作进行戒毒复健计划时，那里的人给你的最大恭维是："我希望你加入我的散兵坑。"这话的含意是：除非你死，任何人都不可能从后方袭击得到他们。意思是："我以性命信任你，我让你掩护我，一如我掩护你那样。"把这话想象成关系的目标，从那里开始，你们可以力求在爱中完全结合，进入一体的神秘状态，这会开启通往天堂的门户。

你这一生，一直在发展天赋礼物，如此才能将礼物献给你的伴侣。这些礼物不仅有帮助，而且吸引人。然而，一或两年后，你总会用光这些礼物。接下来，你给伴侣的可能是你的痛苦、你的创伤和你的悲惨，当然，它们大部分埋藏于内在。多数人发现，真相是：他们对自己过去的依附更胜过对伴侣的依附。将你的旧伤送给另一半，等于不再将旧伤视为胜过你们关系的东西。这让你们的关系来到全新层次的信任，且与伴侣产生全新层次的连结，有利于更棒的伙伴关系。真相是：你痛苦的过去一直被用来解离、独立和控制；现在，它可以被用来当作礼物。当你把这些礼物献给伴侣，就好像在说："我不会再利用这事牵绊自己；我不会再让这事介于你我之间；我不会再亲近我的伤痛更胜于你。我将愿意为了你和我自己让这件事过去。”

最后，在任何有问题的情境中，你都带来了灵魂层面的礼物，有助于疗愈并转化你的伴侣。当深陷在关系的问题、对抗或死寂中时，你觉察不到这点。每当伴侣陷在问题中，你就要让自己的心灵安静下来，反问自己，你为伴侣带来了什么有助于疗愈这个情境的礼物。想象你打开自己心灵里的一扇门，这份礼物就在门后等着你。拥抱这份礼物，并在能量上与伴侣分享它。此外，你也可以要求老天为你的伴侣准备任何礼物，领受它们并与伴侣分享那些礼物。这是你可以每天为你自己和另一半进行的一种练习。

当你们发展出足够的伙伴关系时，在某个特定时间，不仅你和你的伴侣将成为领袖，你们的关系也将领导并鼓舞他人。它将给人们带来希望，因此，大家知道，成功美满的关系有可能存在。就是这时候，你们的关系将成为献给他人并鼓舞大家的礼物。

37

堕胎、死胎与流产

本章探讨堕胎、死胎和流产共通的面向，也就是，每一项都揭露出我们年轻时因情绪创伤而死去的一或多个自我。本章探讨，这三个事件中的每一个何以代表关系中的十字路口。文中提出一个练习，疗愈长期存在且始于年轻时期的罪疚、痛苦和自毁模式。

当堕胎、死胎和流产发生时，都在示意关系中的十字路口。你要继续走下去？还是走到关系的终点？多数时候，这种情况若不是发生在一直随波逐流的关系上，就是发生在一直吃力地往前走的关系上。在这个十字路口有个问题：对我来说，再走下去值得吗？还是，我已经受够了这段关系？

就我的经验而言，与堕胎和死胎相关的痛苦通常远大于流产，不过有时候，因为梦想破灭，流产也可能衍生出同等程度的痛苦。刚开始咨询有堕胎经验的女性时，我发现，许多女性都说，一开始自己对堕胎漠不关心，可是后来，堕胎相关的念头挟带痛苦和罪疚回过头来始终困扰着她们。当我与个案一起努力让这段经验获得正解，将它看成已学到的功课时，我们最后总是回到童年的创伤，在创伤中，这些女性的自我或若干自我因为震惊或痛苦而死亡。就这些案例而言，每一个都是由于那个死亡的自我在当时开始了罪疚加自毁的模式，而这个模式在后来的堕胎、死胎或流产中达到巅峰。当我们疗愈了这些最初的经验，堕胎的罪疚和那份创伤消融了，案例中的女性（有些案例包括这些女性的男人在内）就能感受到完全的自由。这几乎就像堕胎事件试图要当事人忆起早年生命中已然丧失的那个自我一样。

如果堕胎、死胎和流产是你们关系的十字路口，那么请清楚地倾听，遵循小我的路径，小我会提供你什么作回馈，然后清楚倾听，遵循高层心灵的关系之路，高层心灵会提供你什么。顺道一提，小我和高层心灵永远不会意见一致，尽管小我的说辞可能恰恰相反。如果你遵循自己的高层心灵，将会衍生出正面的未来。如果你遵循小我的指示，小我只对获胜和为所欲为有兴趣，那么你迟早会付出代价。

接下来，如果你承受过堕胎、死胎或流产之苦，请反问自己，要是你知道的话，衍生出这个情境的糟糕感受是什么时候开始的，可能开始于你几岁的时候？

要是你知道，导致堕胎、死胎或流产的创伤发生时，有谁在场，这人可能是谁？

要是你知道，这个痛苦开始的当时发生了什么事，这事可能是什么？

要是你知道，当时死去了多少个自我，可能的数目大约是多少？

接下来，想象你自己将那些死去的自我拥入怀中，将生命的神圣气息吹进这些自我里，让它们复活过来。爱它们，直至它们成长到你目前的年龄为止，然后它们会融化进你的内在，在你的内心和心灵中与你重新连结。

接下来，看着早年发生的那个事件，明白你接收到当时情境中每一个人的糟糕感受。唯一的选项是与相关人等分享你带来的灵魂层面的礼物，好帮助对方自救。

那份礼物或那些礼物是什么？

想象你自己回到当时，在创伤发生前打开那份礼物，并在能量上与当时情境中的每一个人分享那份礼物。这将完全解放当时的情境，并让你能够带着好的感觉一路向上，进入目前的情境。

你的天赋礼物让你能够救赎其他人，而非将你的能量投资在罪疚和自我受难中。堕胎、死胎和流产暗示某个需要疗愈且能够立即被转化的自毁模式。

38

死亡区期

本章揭露关系的第三阶段，以及什么原因导致关系在性欲、情绪和心理方面的死寂。文中探讨补偿和角色的陷阱，以及孩提时代当我们努力拯救自己的家庭时，这些是如何开始的。文中说明小我如何利用死亡区期阻碍我们达到伙伴关系和成功，同时壮大小我本身。此外，更提出九种方法，疗愈并转化死亡区期和其中的分裂。

死亡区期是关系的第三阶段，继浪漫期和权力斗争期之后。这个阶段的好消息是稳定、支持和资源丰沛；坏消息（尤其对兼容型夫妻而言）是情绪和性欲上的死寂可能相当普遍且耗人心神。这个阶段主要是补偿，其中隐藏着罪疚、失败、性、竞争和恐惧等感觉。这表示，你把角色演绎出来。你付出，但不领受，因为你还相信自己的罪疚、失败和不配得。大多时候，处在这个阶段的人都非常努力，不过有时候，会有人懒惰而非忙碌，以此补偿因为面对自己埋藏的信念和情绪而导致的恐惧。

这个阶段会对亲密关系造成极大破坏；如果你不知道是

怎么一回事或如何度过，也可能极其无聊；你会轻而易举地陷在这些情绪和性欲中消沉，直到关系因为倦怠而死亡。死亡区期的第一阶段是由角色、规则和义务所构成，是你的行为流于形式却不真诚的地方。做某事，因为你应该，而非因为你选择那么做，这让行动成为牺牲，而非真正的付出并领受。角色导致我们做对的事，但出发点却是错的。角色被用作补偿，以证明你很好，这其中隐藏着罪疚和失败的感觉。

随着死亡区期出现的是牺牲、粘连和共依存。虽然设定界限有助于穿越这些陷阱，但单是这点还是行不通，因为你目前面对的是下意识的家庭模式和起源于无意识的祖先模式。企图设定界限抵制这类深层模式注定会导致更进一步的解离式独立，而这正是最初的问题之所在。必要的是同时对你的伴侣、家庭、工作和你自己有所回应，保持微妙的平衡。界限帮助你知道自己过度扩展到什么程度，或被他人侵犯得多严重，但界限并不会帮助你穿越共依存、粘连，以及基于家庭罪疚、失败和牺牲而产生的下意识课题。

你可以运用“要是你知道”的直觉法回溯，揪出罪疚、失败的错误信念和因此产生的牺牲策略。这么做有帮助，因为这给你一种感觉，知道目前你尝试要疗愈的领域。不过，运用承诺的疗愈原则转化死亡区期的各主要阶段，也会使疗愈速度快上许多。这么做会节省许多时间并给你带来成功感，尤其如果你觉得自己、伴侣或两人的关系在内在逐渐死去，这方法更为有效。

死亡区期是小我的防卫，抵制承诺、伙伴关系、平衡、轻而易举、自由、亲密、更大的成功、领袖力、你的人生使命、创造力、愿景和无意识心灵。许多人相当害怕无意识，因为害怕这个心灵层次的课题深度和情绪力量。死亡区期是小我最后的壕沟，企图阻止你达成伙伴关系和不断前进的结合层次，因为那个层次会让具有分裂原则的小我变成多余的。

死亡区期有好几个阶段；每一阶段都可能大得像关系中任何一个正常的成长阶段。如果你放弃角色，真实付出，全新的活力便会注入两人的关系中。然后你会碰到更大、更复杂且大部分完全属于下意识的伊底帕斯阶段，“伊底帕斯情节”（Oedipal Complex）是我发现的第一个阴谋。阴谋是安排得天衣无缝的陷阱，好到看似没有出路。但是，如果你真的想找到，绝对会有更好的出路。

接下来这一阶段通常跟石头（Rock）和沼泽（Swamp）有关，不过有些男女在死亡区期开始时也会经历另一个“心魔”阶段，在这里，你评断伴侣，藉此避开要关系成功美满所必须做出的改变。“石头和沼泽阶段”意指伴侣双方似乎再度各走极端。表现出解离、牺牲的英雄一方是石头，而另一方则在情绪上放纵自己，把关系搞得全都关乎自己，这是因为当事人正努力穿越童年时代大量不被爱的感觉。双方都相信自己的立场是对的，且高高在上，虽然这阶段并不包含权力斗争，却会产生相当激烈的竞争关系。

在二十世纪七十年代，我失去了许多的关系，因为我找不到方法穿越死亡区期。在死亡区期中，我的关系一再决裂。终于，在1979年末，由于找不到穿越死亡区期的方法，我放弃了一夫一妻的关系。我以为，答案会落在独立且同时拥有好几个伴侣上。虽然，如果可以维持下去，这样的生活方式看似迷人，但继续过着这种生活的我，可以看出自己正逐渐丧失真心，变得愈来愈解离。终于，在 1984 年初，我找到了勇气，尝试我眼中所见可以向前移动的唯一出路，因为我知道，透过独立和解离，自己正朝着死亡的方向走。因此，我反其道而行，朝婚姻走去，与现任妻子建立强力承诺的关系，我们学到如何一起穿越需要疗愈的一切。我们穿越了每一个基本阶段，学到了解决问题的快捷方法和原则，而从我们为世界各地的夫妻和个人所做的咨询，更证实了这些。因为我们两人属于兼容型关系，死亡区期的功课实在不少，但我们一起穿越了，而且由于我们的经验，我们能够标出范围，让这个过程对其他夫妻来说更为轻而易举。当然，我们有时会重回死亡区期，就跟达到同等境界的每对夫妻一样。死亡区期绝对不好玩，但绝对有教育意义。当你疗愈了死亡区期，你会变得更有价值、更纯真，于是，让你自己能够领受、享受伙伴关系、平衡你的阳刚和阴柔，并因此平衡你人生的各个领域，同时拥有轻而易举、自由、成功和顺流。

下一阶段是竞争。在这里，你终于可以疗愈始于家庭未连结的微妙（或不怎么微妙的）竞争模式。就某些案例而言，其中有祖先或无意识的灵魂层面根源。这些竞争模式对关系有害，因为它们存在于所有冲突和死寂的根源。互惠、平等和承诺是这一阶段的关键疗愈原则。穿越竞争后，关系的下一阶段是“害怕下一步”。这其实是每一个问题的核心动力之一，但出现在这里，是让你领悟到，它是死亡区期一直依赖的支柱。此时，意愿、承诺和恩典是强而有力的助援。最后一步不见得每一段关系都会发生，但如果真的发生，会阻止你们臻至伙伴关系。它是一种为了爱而以生病为中心打转的竞争。你们其中一方在呼求爱，透过超时工作或玩乐来虐待自己的身体，或经历意外和肢体伤害；而另一方则老是生病。通常，你若不是自我虐待型，就是生病型，但你们两人都是在向另一半寻找持续且不断深化的爱。

死亡区期是第二大的压力阶段、第一大的身心耗竭阶段；在这里，你终于可以头一次成功地处理你的关系、家庭的死亡区期与伊底帕斯课题。死亡区期的每一个阶段都隐藏着恐惧，而所有的恐惧都隐藏着一份天赋礼物和全新层次的亲密与成功。

疗愈死亡区期的方法

· 觉知到自己处在死亡区期，目前正面对哪一个特定阶段。

· 与另一半沟通这点。

承诺会带领你翻山越岭，而非一次爬过一座“问题山峰”。如果你全心全意对另一半给出你自己，就会省下好几百步。

· 全心向往真理、自由和轻而易举。

· 呼求让你看见隐藏在死寂底下的恐惧。你一看出是什么恐惧，立即将它放下或交托给老天。

· 寻找隐藏在陷阱下方的礼物。当你更善于领悟每一个问题都在补偿某份天赋礼物，你就会拥抱问题所防卫的美好，欣然去除等同于每一个问题的防卫。

运用直觉法询问下列这些问题，藉此找到并清除问题的根源：

· 要是你知道这个问题的根源从哪里开始，可能是在你几岁的时候？

· 要是你知道当时谁跟你在一起，这人可能是谁？

· 要是你知道，当时发生了什么事导致当前的死寂，这事可能是什么？

· 你接收了当时事件中每一个人的痛苦和问题。现在的你反倒该问问自己，你带了什么灵魂层面的礼物来疗愈大家。拥抱那份礼物，并与当时事件中的每一个人分享，帮助大家和你自己解脱。

· 整合那份死寂与它所隐藏的恐惧。要做到这点，你只要想象双方的能量融合在一起，然后你将这份能量与它底下的天赋礼物整合在一起。这么做会驱散负面性，就像接种疫苗，让你预防这方面进一步的负面性，并衍生出自信和全新层次的完整圆满。成为发掘补偿（例如超时工作、牺牲或角色）的专家，因为这些是模仿真实的假付出，只是防卫而已。由于防卫，你无法领受你的付出所该得到的回馈。整合疗愈你分裂的心灵，把你带回给你自己，并赐予你全新层次的勇气。

· 与伴侣一起对互惠和平等承诺。对下一步承诺。

39

伊底帕斯陷阱

本章提出关于“伊底帕斯情节”的实际研究，让人看见小我如何利用伊底帕斯情节作为抵制我们的阴谋。简言之，文中说明何谓伊底帕斯阴谋，它如何影响我们的关系，它来自何处，如何加以转化。

喜剧演员罗宾·威廉姆斯（Robin Williams）曾经以滑稽的忧心语气大声说：“伊底帕斯啊！妈妈，我爱你。”为了让你对伊底帕斯情节的力量留下深刻的印象，请想象你自己在夜里来到户外，在海洋中悠闲地游泳，突然间，你听见《大白鲨》（Jaws）的电影配乐。伊底帕斯情结就像大白鲨，以闪电般的速度从下方窜出，将你往下拖。从二十世纪八十年代中期至后期，密集研究伊底帕斯情节六年后，我领悟到，它是个阴谋，而阴谋是个安排得天衣无缝的陷阱，它好到看似没有出路。弗洛伊德认为，整个心灵都绕着伊底帕斯情节打转，因为这现象实在太普遍了。可是当我更进一步研究人类的意识，却发现，伊底帕斯不过是五十多个阴谋中的一个，而所有阴谋都意在阻止我们找到并活出自己的人生使命。

伊底帕斯阴谋是失去连结造成的，却反过来可以决定一个家庭的竞争有多少。

当连结丧失时，就会有匮乏感，并因此开始竞争爱和注意力。当连结丧失时，家庭成员凭借角色，企图拯救家庭。在连结丧失前自然而然地被纳入爱中的性，现在以夸张的形式出现。这些性冲动此时若不是被幻想化，就是被压抑了，或者既被幻想化也被压抑了。在某些案例中，这类性冲动会以乱伦的关系演绎出来。性冲动之所以被压抑，是因为家庭成员之间的性被视为社会禁忌。当连结被强烈粉碎时，会出现性侵害和乱伦事件，或者，性可能被压抑或过度夸大。

伊底帕斯情节为何是如此强而有力的陷阱，一部分的原因在于它是下意识的。下意识模式被连结到身为天父的神的无意识模式之中，在这模式之中，我们相信自己偷窃了神的天赋礼物并杀死了神，而现在，神生气了，变成特别可怕且吓人的敌人。

在伊底帕斯阴谋中，小我告诉你，当你与父母亲分裂时，你杀了自己的父母，并窃取了他们的天赋礼物。作为竞争者的异性的父母亲（有时候是同性别的父母亲）导致你成为：

· 伊底帕斯输家，在这种情况下，你害怕竞争或成功，因为要竞争或成功，你似乎要杀死同性别的父母亲。

· 伊底帕斯赢家，在这种情况下，你比较亲近异性别的父母，较不亲近同性别的父母。这让你能够成功，但因为对成功心怀罪疚，因此，你不允许自己得到成功的全部回馈或享受。结果，你赢得了梦中情人，却在两人之间保持一定的距离，这就犯了伊底帕斯模式。

· 它导致你暗藏失败者、小偷、凶手、叛徒这类心魔。

· 它会在关系中以不同的形式呈现：外遇和三角恋情、没有亲密关系、永远对抗或死寂的关系。

· 它导致你压抑愤怒和性能量，或者以夸张的方式将愤怒和性能量表现出来。

· 它尤其会使你与自己的伴侣保持特定的情绪距离。

因为异性父母亲和兄弟姊妹的性吸引力所导致的这桩未竟事宜，你往往将这些感觉移转到现任伴侣身上，然后又从对方身上抽回吸引力，因为在对方身上感受到的任何吸引力都会带出从前那些被禁止的吸引力。这使你甩开另一半，否认伴侣的性能量和吸引力。如果突然间，你的伴侣完全不吸引你，或者你在情绪上或性方面觉得嫌恶或排斥对方，你就会分辨出伊底帕斯阴谋正在发生。有时候，并没有戏剧化的外在征兆，而单纯是关系中弥漫着死寂。或者，你逐渐将自己的性能量转到关系以外的地方。

伊底帕斯阴谋和家庭阴谋繁复地纠结在一起，且在两者之间衍生出死亡区期的大多数课题。这些是小我最为擅长且最为复杂的两个阴谋，目的在阻止你臻至成功的伙伴关系。你必须超越这些陷阱，才能臻至伙伴关系和“甜蜜生活”的开端。

小我想不计代价阻碍你臻至伙伴关系，因为到时，你已经学会了重要功课，知道永远朝伴侣前进，且不论伴侣的表现再怎么不是爱，都是在呼求爱。面对在伙伴关系中成长的爱、喜乐和创造力，小我会更迅速融化。

· 穿越伊底帕斯阴谋的方法：

· 觉知和沟通。

· 对伴侣承诺。

对平等和下一步承诺，尤其是身处两难或三角关系的案例。你在三角关系中处于哪一个地位的确有关系，全心全意对下一步的真相承诺，你就有办法转化三角关系。假使你做到这点，就无须外在做出任何不一样的动作，那些问题就会自行解决。只要向往真理和下一步并对其承诺即可，然后七到十天内，情境将会自行解决，让每一个人幸福快乐。假使某人不是你真正的伴侣，对方将在谁都没有不良感受的情况下离开，让位给你真正的伴侣进来。假使你是同时拥有两个伴侣的那一方，两个伴侣中会有一人带着两人的特质迎向你。我亲眼看过这个方法奏效，甚至当时三角关系中的两个伴侣都有孩子。看似不可能，但一周后，其中一个伴侣带着孩子来到当事人面前，跟这名男子说话，让他去选择能使他快乐的关系，就这样，这名男子从这个几乎窒息的两难中解脱出来。

A. 想象你自己陷在伊底帕斯泥沼中。请求你的天使或创造性心灵将你捞出淤泥，送到下一步。

B. 不然，也可以呼求他们将你往下拖，穿过伊底帕斯泥沼，来到下一步。

C. 请求被带回你在家庭中经验最大分裂的时候。

要是你知道的话，当时发生了什么事？

要是你知道的话，当时你几岁？

要是你知道的话，这事跟谁有关？

回到当时，做一次连结练习，将每个人内在的光扩展到所有的家庭成员。必要的话，多做几次这个练习，重建整个家庭，达到平安和喜乐。

至少再重复练习 C 五次，疗愈如今还令你犹疑不定且不怎么能对伴侣承诺的那些情境。

和伴侣一起做这个连结练习。将自身内在的光结合对方内在的光，然后将对方内在的光与自己内在的光连结。这么做，直到只剩下一片光为止。每次连结完后，注意连结对你的感觉和整个情境有何影响。

40

伴侣是你的镜子

本章指出，伴侣如何映射出我们心灵中的下意识和无意识要素，并会告诉读者，当我们转化了自己的自我概念，就会在伴侣身上看到惊人的进步。

你周遭的世界能映射出你的心灵。就像你夜里的梦境反映出你的心灵一样，白日梦也同样可以映射出你的心灵。因此，你的伴侣是你最亲近的镜子，将你的心灵隐藏（或不怎么隐藏）的部分映射回来给你。你的伴侣和小孩将你下意识（自受孕以来）和无意识（祖先和灵魂）的要素映射回来给你。

你的伴侣会为你将你心灵中分裂的所有部分表现出来。既然这样，每次透过爱、宽恕或整合进行深度结合，你的伴侣就会更靠近你。

你在这个世上所看到的，代表信念和信念系统。每一个信念都是一个自我概念，因此，所有观点必先经过你自己的信念和你自身的体验，才会呈现在世间让你看见。你的信念系统将主导人生如何在自己面前展开。

△

1. 反问自己：

你有多少个信念系统，现在由你的伴侣为你表现出来？

这些信念系统如何服务于你？它们在为什么目的服务？

拥有这样的信念系统为你提供了什么借口？

你有多少个“前世”和你的伴侣是一个模样？

另外，可以运用一个不同的隐喻询问这个问题：你有多少个无意识的自我概念来自你无意识的人生剧本，这数量可能是多少？

活了那么多“世”，或经验过那么多跟你的伴侣一样的“人生剧本”，你期望学到什么功课？

不论你的伴侣为你映射出多少负面信念系统，你都可以放下这些信念系统，选择更美好的事物。或者，你可以将它们交托给老天，看看老天回赐给你什么。

2. 当你前进到不同的阶段，其他被埋藏得更深的信念系统就会有机会浮现出来且被放下。同样的情况也发生在心灵的其他层次，当你前进时，到目前为止所埋藏的陷阱会出现，试图阻止你向前。

你原本该将什么样的礼物带进那些“前世”或人生剧本中（当时你就像现任伴侣一样）？

假使你领悟到，你的伴侣和你，或单单你自己一个人，有“累世”或人生剧本模式或业，正引发目前的情境，请反问自己，你有多少则这样的故事？

反问自己，必须疗愈多少则这样的故事，才能完全转变这个模式，这个数字可能是多少？

假使你正在努力解读自己的人生剧本模式，请拿起笔和纸，运用意识之流，或浮现脑中的什么都好，将这些人生剧本写下来。你选择这些剧本必定有某个目的。当你看出它们并没有表达出你真正想要的，你就会放下它们。

假使你正在运用“前世”隐喻，下列有个很好用的疗愈法。

要是你知道，当时你住在哪个国家，可能是现在名为什么的国家？

要是你知道自己当时是男人或女人，你可能是谁？

要是你知道，目前情境中的哪一个人曾经出现在那一世的情境中，这人可能是谁？

要是你知道，当时发生了什么事影响着现在的你，这事可能是怎样的？

要是你知道，当时你期望学到什么功课？还有，当时你学得如何？

要是你知道，当时那一世，你本该贡献什么样的灵魂层面的礼物，这礼物可能是什么？

现在，想象你自己回到那一世你还是小小孩的时候。拥抱你灵魂层面的礼物，与那一世的每一个人和一切事物分享。

现在，你能否拥抱那些礼物？与和你同在那些无意识层次的灵魂故事中的每一个人分享？当每一个人都从自己的陷阱中解脱出来，就将那份美好的感觉带入当下。

41

性

本章告诉读者，实质上等同于沟通的“性”，可以如何用作表达爱或需求的工具。用“性”表达爱会促进关系，表达需求则使关系成为战场。本章进一步探讨社会讯息以及关系中的伊底帕斯情节和性侵害对“性”有何影响；接着提出“性”的不同阶段，以及让我们与爱、性和伴侣重新连结的几种练习。

“性”是有爱的关系中不可或缺的领域之一，它是沟通的桥梁，能够建立爱的基础。在我担任婚姻咨询顾问时，几乎来找我的每一对夫妻都对性有所抱怨，其中一方觉得自己没有得到足够的性爱。性不仅是我们表达爱的一个领域，更是表达自我需求的一个领域。在夫妻臻至伙伴关系的层次前，需求可能令人厌恶且毫无魅力。然而，我们愈不执着于性，对伴侣就愈有吸引力。解离和独立的状态也会衍生出吸引力，但出发点完全不对。人的独立会衍生出控制，且往往会将伴侣送进依赖且因此不那么有吸引力的地位。处在依赖的地位，你想要占有另一半，因为对方似乎拥有你所没有的。这会使你陷入困境，因为伴侣解离和独立的程度，就等于他们害怕在情绪上或性爱上被占有的程度，而这会难以激起性爱动力。

关系的各大领域，例如性、金钱、健康、子女教养或职业生涯，都可能成为关系的长期问题。每一段关系都有一个长期问题，对一方或双方而言，这问题将是关系中最恼人的地方。性是关系中经常入选的长期问题之一；当其中一人开始感到需索无度，性就会成为企图满足需求的常用手段。这会在双方协商各自需求的过程中，衍生出各种权力斗争。假如我们能够成熟地沟通并回应，这会是促进关系的绝佳机会。但若缺乏理解、感受和响应力，就会有恐惧、失落、不被爱和被拒绝的感觉。即使在你们臻至更高的伙伴关系阶段以后，还是非常可能在新的阶段重新探讨这些基本功课。在性是长期问题的关系中，某一方会无精打采、受伤、无回应或漠不关心。有时候，他们是在反对被索取的感觉；有时候，你或伴侣的性能量会带出被虐待的记忆，或其他如伊底帕斯阴谋等罪疚引发的死寂。一方在性方面似乎愈退缩或愈无响应，另一方似乎就愈显得性欲极度旺盛。这会让性成为战场，而非游乐场。其实，小我企图利用与身体相关的一切作为政治手段，或为它自己取得控制权，利用的部分不只有性，更包括各种疾病和肢体伤害。

目前我所能确定的是，在这个世界上，就连在性方面最有天赋的人，也只运用了自身 30%左右的性能量，而一般人只运用了 20%左右的性能量，在性方面受过伤的人，则只运用了 5%到 15%的性能量。这表示，白白浪费了许多的自发性、生命力、自然性和回春力。我们充其量不过是处于目光短浅地正视性的领域。除了宗教信仰以羞愧和罪疚扭曲“性”之外，性还被连结到伊底帕斯情结中的竞争、夸大、罪疚、害怕亲密和成功，以及压抑。所有这一切都会妨碍我们体验“性”。与“性”有关的自我概念导致别扭和羞愧，而非灵感和自然。只有当我们心静、无念或沉浸在爱里时，才有可能经验到性所能提供的那种撼天动地的激烈火花。对没有陷入“性阴谋”的多数人来说，这是他们全然放下且最接近人间天堂的一个机会。随着意识的提升，会让性的整个领域在高意识中成长，不再是类似快速“换油”的“性交活动”。

不幸的是，太多人因为心碎和关系创伤，在性方面呈现解离状态。他们切断了内心与性的连结，甚至切断了头脑和内心之间关于性的连结。这让他们若不是完全切断性，拥有非常分裂的性爱，就是很努力地拥有狂野或淫荡的性，好让自己有所感觉。

性和关系有其负面的社会效应，而此效应还会因为伊底帕斯阴谋而更加恶化。这是个可能不知不觉地发生在男人与女人之间的陷阱，我把这个效应称为花朵和蜜蜂的故事。

小蜜蜂开心地在草坪上嗡嗡飞，采集着花蜜，直到一朵花相中他，心想，所有蜜蜂之中，她独要这只小蜜蜂在她身旁嗡嗡飞。这时，花儿散发出独特的香气，只飘送给这只小蜜蜂。小蜜蜂猛然一闻，吸进了独特的花香，马上嗡嗡地朝花儿飞去。小蜜蜂情窦初开，开心地绕着他的花儿嗡嗡飞。欢乐持续着，直到他们俩结婚后的某一时间，花儿猛然想起花朵们早年的训练，当时人家告诉她，好花不常开，不要把香气传送得那么勤，于是花儿开始收敛。结果，花儿逐渐闭合，即使在她开花的时候，也不再那样慷慨地散发香气。可怜的小蜜蜂不知道发生了什么事，还是到处飞，试图发掘并理解事情为什么不一样了。这时会出现几种情节。小蜜蜂可能因悲伤而垂头丧气，不再那么爱嗡嗡嗡，这之后，花儿也跟着更加垂头丧气。或者，小蜜蜂绕着花儿嗡嗡飞，试图得到某个响应，然后小蜜蜂嗡嗡地飞走了，到草坪上寻找别的花蜜。这事发生时，花儿才猛然醒悟，心想："喔，不！"我不能让这事发生，于是再次将她动人的香气飘送给她的小蜜蜂。小蜜蜂虽然飞远了，但再次闻到令它愉悦而熟悉的花香，便兴奋地飞回他的花儿身边，让花儿开心地迎接他回来。但很快，小花儿又开始再度闭合，陷在当朵好花与为她的真爱小蜜蜂的付出之间。这情形来来回回一阵子，直到他们双双憔悴，或者小蜜蜂单飞，虽然他宁可不单飞。另一个比较快乐的情节是：花儿和小蜜蜂醒悟了，将两人的爱和亲密视为至高无上。就这样，他们俩从此以后快快乐乐地生活，嗡嗡嗡的声音愈来愈响亮。

另一个影响"性"的关键面向属于下意识，不过在主导我们的性生活方面却威力十足。

伊底帕斯阴谋

当你将性吸引力和社会禁忌的未竟事宜从你的父母甚至兄弟姊妹那里移转到现任伴侣身上，就会发生这样的事。这会扼杀了性的吸引力，同时衍生出嫌恶。它会导致外遇、权力斗争、死寂或没有亲密关系。你在不自知的情况下，将你的母亲、父亲或兄弟姊妹投射到你的伴侣身上，这会导致你找借口避开“性”。对男性来说，这整个模式会导致圣母／妓女症候群，这样的男性对妻子相敬如“冰”，却与关系外的对象大玩特玩，做尽淫荡猥亵之事。对女性而言，这会产生妻子／情妇的冲突，妻子有地位，而情妇得以玩乐。伊底帕斯阴谋衍生出以死寂对待另一半，同时被关系以外的其他人所吸引。

性侵害与乱伦

性侵害的经历会导致在性方面表现得夸大或退缩。假使另一半曾在性方面受虐，你通常要在某个层次上告诉对方，对你而言，你对对方的爱比体验你最喜爱的“性”更为重要。假使情况如此，你非常可能做过灵魂层面的允诺，要拯救另一半脱离他们的“性阴谋”。

我曾经发现，在性侵害底下，有若干动力持续进行着。其中最普遍的动力是：扮演烈士的角色和真正让自己牺牲，企图拯救家庭。利用性侵害试图拯救家庭的错误企图，会发生在家庭内或家庭外。这是在家庭中扮演烈士的角色，而这个角色，不论以什么形式呈现，例如意外、生病、身体、性侵害，甚至是放弃自己的人生，几乎都无法成功地拯救家庭。

除了牺牲动力之外，我总是在某人的性创伤底下发现性的领袖力和性早熟的天赋礼物。性侵害给予受害人不追求这些天赋礼物的借口；看看社会上性观念落后的状态，这并不足为奇。性侵害是小我的解决方案，用来隐藏自我。这表示，当你的承诺似乎是份无法胜任的工作时，性侵害无法帮你实践承诺，完成你在性领域教导、疗愈和领导的使命。恩典是老天的解决方案。当你认同自己的小我，你就会受害。如果伴侣在性方面受过伤，透过爱、纯真、幽默和好玩，你会赢回对方。此外，记得伴侣是你的镜子也很重要。这表示，在无意识层次，你拥有跟伴侣目前表现出来的一样的自我概念。它们可能是祖先传承下来的，或来自童年，但更常来自于灵魂层面，你在这个层次拥有关键的灵魂故事或前世业障，在这些前世中，你活出那样的剧本。这些可以被放下，转向更成功且更亲密的人生剧本。如果你曾经在性方面受过伤，请对你自己和你的性能量重新承诺，与伴侣一起重新对成功、有爱的性关系承诺。要夜以继日这么做。

性的不同阶段

每一个人在正常的成人性爱发展过程中，都会经历好几个阶段。第一阶段是你因为性的新奇而兴奋，在这个阶段，因为初尝性滋味，你兴奋异常，就连看见性伴侣自豪地裸露全身，都会是最美、最性感的体验，尤其如果在你的家庭或国家文化中，裸露并不是自然而然可以被接受的。以前所压抑的，如今以报复的形式表达。

当这个阶段结束了，而你试图藉由外遇或变得更淫荡等被禁忌的方式来延长这个阶段，伴侣可能会受惊。如果性的第一阶段让位给第二阶段，关系中就会出现性成熟。在第二阶段，你学会以个人的方式与伴侣做爱。这不仅是身体上爱的体验，更是情绪上爱的体验，不论伴侣在什么位置以及他们的情绪状态如何，你都会与对方结合。这是真正的爱的行为，要找到另一半并与对方结合，不只是身体上的结合，还包括情绪上的结合。

当穿越这个阶段时，你会来到第三阶段，这是伙伴关系期。这会是性方面的黄金时期，这时，情绪和心理创伤都已经被疗愈了。性能量会从热情扩展到好玩、有深度的爱、幽默和温柔。

性的第四阶段是“性爱”处在更有连结的层次，利用情绪和身体作为表达工具，却超越两者，来到灵魂的泉源，这是通往“灵”（spirit）的门户。你在此领悟到，你即意识，你们的结合发生在能量的层次。最后一个阶段是玄秘层次，你在此寻求与你的挚爱密切交流，开启你们对“挚爱的神”的体验。这样做爱将你们带进永恒和光的界域。

关于性，不论你目前处在哪一个阶段，重点在于：要知道你们会进化到更高的阶段，而且性不是只“钻油”，更是在爱和灵性中进化。

虽然了解自己处在性的哪一个阶段相当重要，但明白自己处在关系的哪一个阶段也相当重要：浪漫期、权力斗争期、死亡区期、伙伴关系期、领袖力期、愿景期或大师期，因为这是关键因素，决定你此刻拥有的性爱质量。在性和情绪方面对你的伴侣承诺会将你们提升到下一个阶段。

练习

1. 扪心自问：你已经切断了多少条自己内心和生殖器之间的连结？关于性，你已经切断了多少条自己头脑和内心之间的连结？

这如何影响你对伴侣的体验？如何影响你与伴侣做爱的体验？

不论切断这些连结的原因为何，都没必要继续这样。藉由你的选择和高层心灵的帮忙，你能够让这些连结重新继续，将活力带回这些领域。

2. 回到你在性方面体验到最大挫折的时候。

是心碎、侵害、罪疚，还是羞愧？

不论你在那个事件中接收到什么情绪，都是该事件中其他相关人等当时也接收到或带进该事件中的情绪。不要去接收某人在性方面的创伤（他就是因为那个创伤而做出伤人的举动），扪心自问，你带了什么灵魂礼物来疗愈那人身上的那份伤痛。在能量上与事件中的每一个人分享那份礼物，直到每一个人都不再感到痛苦为止。看着这份礼物传递给每一个人，并传给那些带给他们创伤的人，或传给那些因他们而遭受创伤的人，让礼物流通于整个受害者和加害者网络中。带着这桩被疗愈事件的结果一路向上，来到此时此刻。

3. 透过你母系家族传递下来的最主要的“性”陷阱是什么？

透过你父系家族传递下来的是什么呢？

透过伴侣的母系家族传递下来的是什么呢?

透过伴侣的父系家族传递下来的是什么呢?

信任你的直觉得到的答案。

接下来，你带来疗愈自己母系家族的礼物是什么?在能量上将这份礼物送给你的母亲，然后透过你的母系家族上传，直到每一个人都自由为止。

你为你的父系家族带来的礼物是什么?将这份礼物传递给你父亲，然后透过你的父系家族上传。

你为伴侣的母系家族带来的礼物是什么?现在，将这份礼物传递给伴侣，透过对方向上传，并透过其母系家族上传。

你为伴侣的父系家族带来的礼物是什么?现在，将这份礼物透过你的伴侣传递，并透过其父系家族上传。

4. 不论在你的关系或自我中的性障碍为何，问问自己，它有意隐藏的天赋礼物是什么?

拥抱这份性的礼物，当你拥抱这份礼物，它将会消融掉这个性陷阱。

5. 将任何性问题和你对性问题的观点交托给自己的创造性心灵转化。注意每天发生什么样的变化。

42

竞争

本章探讨竞争对关系的破坏性。由于家庭缺乏连结而出现在关系中的竞争，会在关系中衍生出权力斗争和死寂。本章会告诉读者要超越竞争，来到合作和伙伴关系的方法。

竞争是关系的祸根，它来自于缺乏连结的家庭，且代代相传。它是所有冲突的根源，并因此带来权力斗争和死寂。死寂在某个层次上可以被视为你与伴侣分裂隔阂的舒适距离，这么一来，你就不必在两人的竞争中输给对方。既然这样，造成死寂的抽离就成为对抗的一部分。此外，竞争也被用来当作防卫，让你不用去处理某些你不想面对的特定课题。竞争会将你所有的注意力放在赢上面，或至少放在不输上面，目的是将你的梦魇隐藏在那份强烈的信念（赢是成功之道）底下。然而，赢未必绝对是成功，输也未必绝对是不成功，它其实是为了带来更大成功的学习与经验。关系中的成功关键是亲密。透过这个亲密，就有爱、连结、专注、轻而易举和自由，何况你将会在工作中体验到同等的成功。

当竞争存在时，你或你的伴侣必有一人要输。这表示，不论谁赢，你都要买单。如果你赢而伴侣输，当对方开始在一或多个领域失败时，他会变得不再那么有魅力。如果是你开始输，你不仅会觉得自己愈来愈无魅力，还会自觉愈来愈没价值。

在你的原生家庭中丧失或欠缺的连结，可以在你目前的关系中重新被找回。假使没有穿越竞争这道防卫去面对向前进的恐惧，你将永远达不到伙伴关系的合作状态，而这样的合作会带来相互依靠、成功和亲密，并省下许多的时间。

△

反问自己下列问题：

· 以百分之百为比例，你的竞争心有多强？

· 要是你知道，竞争以何种特定的方式影响着你的伴侣、你的小孩、你的原生家庭和你工作上的同事，这个特定的方式是什么？

· 要是你知道，你如何可以成为更好的伴侣，这方法会是什么？

· 要是你知道，你可以采取什么具体的行动来终结你与伴侣之间的任何竞争，这行动会是怎样的？

这里有几个疗愈原则，有助于你脱离竞争并进入伙伴关系。

· 承诺会将你推进到关系的下一步。

· 将伴侣看成你自己。这会带来平等、互惠，并与伴侣在全新的层次上接触。

· 靠合作过生活。领悟到所有更高层次的成功和亲密都奠基于合作。竞争会模糊掉那些你缺乏自我包容的领域，这个陷阱让死亡区期得以持续。竞争设下了赢／输动力，为了让赢／输动力持续下去，你必须时输时赢。此外，竞争也使你陷在优越／自卑的动力中，那是旷日费时、自我中心、自我攻击。它将卓越转变成一种竞争，而你企图证明自己最好，而非对平等承诺。当然，如果你真的相信自己很好，就没有必要证明了。

承诺与你的伴侣达成伙伴关系，这是幸福快乐的唯一方式。你将会为了那些透过伏击、被动攻击和抽离而赢得每一个小胜利的欢欣付出代价，那会形成死寂。若无伙伴关系，你的关系只剩下空壳，爱和转化的工具被夺走了。请觉知伴侣搞砸的每一个地方，都是在显示你期望获胜的地方。放弃这样的方式，转向允许你们双赢的相互支持吧！

对关系中的平等承诺。有平等的地方，就不会有竞争，只有伙伴关系。

43

欣赏

本章探讨欣赏的力量得以在关系中创造顺流，以及如何运用欣赏转化我们的关系。

那天是我带领的某个关系工作坊的最后一天研习，发生了一件值得注意的事。我要求工作坊中的每一个人写下他们欣赏另一半什么。一名即将与丈夫离婚的女性想不出她欣赏她丈夫哪一点。我鼓励她，针对她可能会有些欣赏她丈夫的领域，问了她几个问题。她对每一个这类问题的回答都是坚决的“否定”。在我问到的任何领域，她都一点也不欣赏她丈夫。终于，她的脸亮了起来，她想起丈夫曾经是个养家糊口的好人，曾为这个家庭非常努力地工作。她愈想这点，就愈开心，短短的十分钟内，她对丈夫的整个感觉就因为她的欣赏转化了。是这个火花重新点燃了她对丈夫的爱，让她能够感觉到丈夫的爱。所有其他学员都已经明确地向下一步前进了，而由于欣赏，这名女性也一定能够与丈夫一起向前迈进。

欣赏会产生顺流。如果你一直困在你的关系里，欣赏就是动力，推动你穿越问题的防卫。一旦你穿越防卫，困境就没有进一步的作用，也就能消失了。这让人有清新的感觉，且就某些案例而言（如上述例子），它提供了救赎的恩典。

制作一张表，针对你的伴侣，将你所欣赏的特质全数列出。列举时尽可能快，凡是浮现脑海的讯息都可以采用。然后花时间慢慢审查每一项，针对每一项好好沉思。这么做的时候，你可能会想起伴侣让你欣赏并感激的其他特质。

现在，回顾你们的关系，检视你的伴侣值得你欣赏和感恩的所有时刻。这么做的同时，花些时间细细体会每一个这样的时刻。

44

疗愈祖先课题

本章探讨我们的祖先课题如何在我们的人生和关系中衍生出目前的毁灭模式。文中提出一套方法，可以疗愈这个过往，让我们自己、伴侣和我们的祖先自由。

在我曾经为亲密关系问题而做的咨询工作中，疗愈祖先课题曾经提供给我某些关键的突破。最初属于某位祖先的创伤，竟会代代相传，一直以来以许多不同的征兆显现。同样，人生和关系缺乏成功也可能以类似的模式出现，在家族中传承。早在 1975 年，当时我正运用此法帮助我的个案解脱。有时候，疗愈祖先课题是不可或缺的要素，它让关系得以转化并臻至全新层次的成功。

这些年来，除了我自己的方式外，我还发现了若干疗愈祖先模式的有效方法，例如，神经语言学（NLP）和时间线疗法中（TimeLine Therapy）的祖先疗愈法。我也听过英国圣公会的一位牧师，替被埋在不蒙神佑的土地中的祖先举行某种仪式，而这在减缓祖先模式所带来的问题方面，同样有效。我相信，当意念强烈时，不论形式如何，人们都会找到对他们而言有效的疗愈方式。这里有一个全球几千个案例都试过且奏效的方法。

△

反问自己：从你的母系家族传递下来了什么陷阱？

这事开始于多少代以前？

这事始于某个男人？

女人，还是男女都有？

发生了什么事，启动了这个模式？

现在，扪心自问，你带来了什么灵魂层面的礼物，得以疗愈这个来自祖先的陷阱？

打开这份礼物，拥抱它。现在，运用这份礼物在能量上充满你的母亲。当这个动作完成时，让这股能量通过你的母亲向上，流经她的一个个祖先，来到问题开始的地方，直到每一个人都能得到解脱为止。

现在，针对你的父系家族做同样的练习。

等完成这部分后，再透过你的伴侣做这个练习，向上传，流经他的母系或父系家族，因为你也同时带来了礼物，要让伴侣的父系和母系家族得到自由。

你的家族不只将礼物，也将挑战传递给了你。当你向前移动，你将领悟到，其他挑战其实都源自于过去的世代，但此刻的你，不会再被这些挑战困住，这些事不过就像一周前发生的事一样。何况，如果你真的全心想要转化某个模式，你根本不会被困住。

定期重复这个练习颇为有益，它对疗愈死亡区期和伊底帕斯课题也大有帮助，因为这两大课题也是祖先传递下来的。

你到底带来了什么灵魂层面的礼物，要让你的祖先从这个业力或灵魂模式中解脱出来呢？透过你的父母亲将礼物向上传，传给你的祖先，让这些模式中的每一个人都得到解脱。

45

疗愈的谢幕式

本章将提出一套疗愈法，对转化现有问题和旧有创伤以及导致问题模式的问题最为有效。

这是个可以用来解决问题的疗愈练习，它也可以用来疗愈创伤后的压力，透过利用此练习转化旧有创伤的意象，这意象困在你心中，造成负面的信念、情绪和行为。

想象你与你所爱的人一起坐在剧院里。向你有创造力的高层心灵呼求帮助。你看着舞台上的幕布，似乎你的问题或旧创伤正显现在幕布上。某个时刻，你准备好了，幕布往后拉，露出另一组幕布，而下一个场景也被投射在幕布上。这一幕通常比上一幕稍微好些，除非你一直压抑情绪，或者问题有着无意识的根源，假使情况如此，似乎有几幕会愈来愈糟。这个练习会清除掉一直储存在你心灵中的意象。当你再度准备好，看着幕布向后拉。投射在下一组幕布上的是什么呢？当下一个意象呈现出来时，体验它，但马上向你的高层心灵呼求下一个场景。看着并感觉那个场景所呈现的一切，但马上呼求下一组幕布，特别是呈现的场景令人不悦时，尤其要这么做。就这样，一幕幕看下去，直到幕布上只剩下美丽的光为止。

当这情况发生时，扪心自问，最初的那个课题或那一幕改善了百分之多少？现在，如果只改善了一些，或根本没有进步，那你就知道，你正利用这一幕满足某个隐藏着的目的。你可能正利用它做什么呢？

它让你能够做什么？或者，你因此不必做的是什么呢？

它给予你什么借口？

你是要保留什么样的放纵？

你已经做了什么样的投资，因此让你需要保留这个创伤或问题？

不论还剩下百分之多少，你都可以重复这个幕布练习，利用最初那一幕至今仍旧浮现在你脑海中的任何意象。最初那一幕剩下些什么，无论你记得几分或看见什么，都从那个意象开始，然后将幕布往后拉，一次往后拉一组，直到出现非常幸福快乐的场景或美丽的光为止。

重复此练习，直到不再残存任何问题或最初的创伤为止。

这是个轻而易举又简单的练习，可以用来让任何的情境有所进展。

46

黑暗故事

本章探讨人生剧本这类相当重要的无意识模式，让读者看见这些模式如何决定我们在关系中经验到的一个个篇章。文中举实例说明，该如何觉知并放下心中黑暗的关系故事，好让自己自由，并转化自己的亲密关系。

我曾经是一名仅有 13 年经验的治疗师，当时治疗过一名因为“不用心”，而遭到原本治疗她的知名治疗师拒绝的个案。个案与先前的治疗师曾一起清除她成年和童年时期的所有心碎模式，因此她已准备好重新出发，开启全新的亲密关系。但进入新的关系两个月后，她再次尝到拒绝和心碎之苦。这次情况由于原本的治疗师拒绝治疗而更加恶化，因为那位治疗师认为，已经花了那么多功夫清除成年和童年的心碎模式，她应该已经被疗愈且自由了。事实的确如此，但有一件事除外。连自己都不知道这事的个案，正娓娓道来她的“心碎故事”。

我们一起揪出了几十个她用自己的人生写出的心碎故事。当下探到她的动机时，我们发现，她沉瘾在关系一开始的浪漫和近尾声时的黑暗魅力及悲剧性浪漫之中。当个案领悟到，

你的直觉找出答案。

回顾你这一生中经历过的三大创伤。当时的你试图坚持自己在什么地方是对的呢?

创伤	当时你坚持自己在什么地方是对的
1.	
2.	
3.	
4.	

现在，好好检视你目前的关系问题，看看此刻的你，试图坚持你在哪里是对的。然后扪心自问，这隐藏着什么罪疚、羞愧和恐惧。

目前的问题	坚持自己在哪里是对的	罪疚	羞愧	恐惧
1.				
2.				

现在，关键问题出现了：“你是宁愿要那个自己是对的的肯定，还是宁愿要快乐?”如果你选择坚持自己对，你将继续走在目前这条不成功的道路上。如果你选择幸福快乐，你可以放下你的自以为是，呼求老天或你自己的创造力心灵，你可以用什么代替自以为是。当你非常努力地说服他人并证明你自己是对的，对方就会试图找出你错误的地方。当然，如果你真正相信自己的观点，就无需证明什么了。当你呼求指引且真心诚意，即使处在看似不可能的情境中，你都会被指引一条出路。

放弃你的自以为是和底层的评断，否则你终将受苦。你不可能既是对的又同时幸福快乐。这点引导我在感受到负面观点或经验时，做出如下的小小祈祷：

“主啊！我希望自己对于这个情境的看法，是错的，因为如果我对了，这就是我得到的结果。但如果我对这事的看法是错的，你将会告诉我更好的出路。”

如果你想要藉由超越权力斗争和死寂而达成伙伴关系，那你就需要将自以为是抛诸脑后，且愿意让上天为你指引更好的出路。

48

疗愈阴谋

阴谋是安排得天衣无缝的陷阱，好到看似没有出路。小我建构了看似证据确凿的陷阱，但《奇迹课程》说，证据确凿的陷阱在神跟前站不住脚。小我藉由种种的长期陷阱来壮大它自己，它要让你分神、拖延你，并要你为了壮大它自己而付出代价。它要你放弃希望，在一切看似你永远无法成功地让自己解脱时。

你可能有关系、性或生病的阴谋。你也可能有情绪的阴谋，例如恐惧、罪疚、失败、心碎、报复、牺牲或控制。凡是被错用之物都有可能会就地设下阴谋。若要跳脱阴谋（阴谋是藉由继续被隐藏在无意识中来作为它的最佳防卫），你只需要觉察到阴谋并重新选择即可。阴谋绝不会使你幸福快乐，虽然有时候，阴谋的确可以成功地助你躲藏、给你借口且不用站出来，帮你报复、保持独立或取得控制权。阴谋提供的放纵只会导致更多的牺牲。每一个阴谋都是在企图躲避你的人生使命，让你有借口为所欲为。

好好检视你人生中过去和现在的阴谋。什么事如此令人分神、分神到你的整个人生似乎都绕着它打转？当现在的你被过去的某个大陷阱困住了，这就是阴谋的确切征兆。

反问自己，你有什么阴谋？你拥有的每一种阴谋中又有多少个阴谋？

阴谋显示了你在哪些方面被投资在小我及其控制上。你可以放下这个投资，让自己自由。你可以单纯地停止对小我的投资，并将你对情境的观点交托给你的高层心灵，让他为你指引新的出路。

好好检视，你认为拥有某个特定的阴谋有什么好处？它是真的吗？小我以前有信守过它的允诺吗？这阴谋使你幸福快乐吗？还是你想要全部重新开始，将这个阴谋抛诸脑后？

每一个阴谋企图隐藏的礼物是什么？

假使你有关系阴谋，究竟有多少个？你的关系阴谋试图隐藏的礼物是什么？

现在，你可以拥抱这些礼物。这么做将帮你找到自由的出路。

这是你的人生，你可以选择要怎么过。你不需要关系阴谋提供的“安全”，它其实根本没有提供安全，当你正视自己的现况，就会看出这点。你可以将这个牢笼抛诸脑后，你可以将一个接一个的牢笼抛诸脑后，直到你最终愿意将所有的牢笼抛诸脑后为止。

49

十字路口

本章探讨所有问题的一个核心动力，以及如何逆转在人生重要的十字路口上做错抉择所导致的毁灭性后果。本文会帮助我们重新造访那些目前给我们的关系造成毁灭性后果的十字路口，让我们能够重新选择。

探讨下意识三十多年来，我发现，每一个问题都代表一个十字路口。小我企图引诱你走某条路，为你提供每一种诱因，包括为所欲为或遂你所愿、掌控全局或保持独立、隐藏并逃避你的人生使命、坚持自己是对的和其他类似的诱惑策略等这类提议。许多时候，即使你走了小我之路，小我并未信守承诺。其他时候，小我信守诺言，但所允诺的并未使你幸福快乐。事实上，这条路将导致更大的问题，而小我又另外献策，引导你继续沿着壮大小我、远离生命之路走下去。另一方面，你自己的创造性心灵和老天正提供另一套解决方案，它包含礼物、恩典和更多的连结感。这条路绝对会更为成功，不仅对现况来说是，对你的后半辈子更是如此。

我发现，来自过去的创伤代表类似的十字路口，却是你选择了小我之路的十字路口。小我告诉你，为了不用完成某个不可能的人生使命或找借口为所欲为，些许痛苦是要付出的小代价。这类决定导致了设下日后痛苦模式的根源事件。藉由带领当事人回到最初的十字路口，并透过当事人的直觉，清楚描绘双方的提议，当事人就能够再次选择，这一次，可以有意识地选择礼物和恩典之路。随着当事人拥抱并分享礼物，当时情境中的相关人等也就从自身的陷阱中解脱了。

当年，我在为一名罹患不治之症的女性咨询。我们回到一处十字路口，在那里，由于身心耗竭和疲惫，她决定结束生命。当我带她回到那个十字路口、去看看当时小我和高层心灵给她的提议有何差别后，她很轻而易举地决定踏上高层心灵那条蕴藏天赋礼物的道路。我要她牵着自己的手回到当时，踏上真理之路，直至来到此时此刻。然后我才开始针对导致她身心耗竭和疲惫的原因做咨询。

现在，仔细想想你目前的关系问题。

请问你来到那个十字路口的确切时刻？就是那时，你踏上了导致目前问题的小我之路。

当时小我为你提供了什么，让你踏上小我之路？

选择了小我之路，结果发生了什么事？

这么做让你快乐吗？

回到那个十字路口，看看你的高层心灵为你提供了什么，让你踏上高层心灵之路？

既然知道如果重新选择小我之路会发生什么事，你想要选择什么呢？

跟随你的高层心灵之路吧！拥抱老天提供给你的礼物。

在能量上与这个情境中的每一个相关人等分享那些礼物。踏上你的高层心灵之路，一直来到此时此刻。

现在，回溯人生中对你的关系有负面影响的三件大事。回到十字路口的那个时间并再次选择。哪一条路会真正让你幸福快乐？

50

疗愈权威冲突

本章探讨权威冲突，这个所有问题（尤其是关系问题）的关键动力之一。文中运用回归中心法，让我们回归平安与成功。

权威冲突是每个问题的根源之一。一开始，就是权威冲突导致分裂、恐惧和小我的壮大。同样，在深入探讨无意识的过程中，我发现，所有心魔的最底层都是“叛逆”。叛逆就跟权威冲突一样，往往被埋藏得很深且产生许多补偿。然而，每次发生问题，肯定与你的权威冲突脱不了关系，这权威冲突有可能是跟你的伴侣、父母亲、老板、同事，甚至陌生人都有可能。与这些人的权威冲突其实来自于你在对抗你自己、你的高层心灵和神。

权威冲突会在关系中造成大破坏，因为你想要主导关系，想要掌控全局。最起码，你并不想要倾听伴侣所言，无论对方的话是否正确。意识的提升是从依赖到独立，从独立到交互依靠，从伙伴关系到绝对依靠（radical dependence）。在绝对依靠中，你会放弃小我最后的选择特权，得到的回报是：

你领受上天的指引，而这个指引绝对会为你提供最佳的出路，让你和其他人不仅现在而且永远幸福快乐。基本上，进化和关系中的每一个阶段都是你在放弃“你的方式”，转向更伟大的爱和亲密的地方。你放弃了自己的小我，转向真理和爱。

你越是如实地放弃自己的小我，你的伴侣越会同样如实地放弃他的小我，因为爱的召唤是不可抗拒的。

现在，如果你愿意放下你的小我及其权威冲突，转向爱和更为成功的关系，就可以利用下述这些问题帮忙：

要是知道的话，最大的权威冲突开始时，你几岁？

当时有谁在场？这人可能是谁？

当时发生了什么事，八成是一件什么样的事？

现在，回到当时的情境中，呼求你自己具有创造力的高层心灵，将你和当时在场的每一个人带到你们各自的中心，也就是平安、喜乐和纯真的境地。

这么做对该场景有何影响？

现在，再一次，呼求被带到第二个中心，这里有更多的平安、爱和富足。现在，该场景看起来如何？

慢慢来，但呼求你被带回到每一个后续的中心，不仅是更为高层且更为深远的中心，直到你和该事件中的每一个人都来到光明、爱和喜乐的境地。

当这一步完成而且你在内心深处感受到持久的平安时，呼求你的高层心灵将你和目前关系课题中的每一个人带回到各自的中心，更深度地放松。呼求你和每一个人被带回到你们目前情境的中心，至少做上十次，或直到整个事件转变成光为止。

后 记

现在，你已经读完了《亲密关系急救箱》。写作本书的目的，并不是要读者只读一遍，而是要读者将它当作资源，在你需要时，随侍在侧。有时候，你可以翻开本书，做你所翻到的任何一章中的练习，或在 1 到 50 之中猜一个数字，或将这 50 个数字放进帽子里，挑一个、两个或随便几个你自觉需要的数字。

你的关系是一颗无价珍宝。如果好好练习，它将是最迅速的个人和灵性成长之道。它值得你投资、值得你投入心力。学习如何提升并转化你自己和你的关系，你将会享受到丰沛的回报。

祝你好运且情爱顺遂。但愿奇迹降临你。

(京)新登字 083 号
图书在版编目(CIP)数据

亲密关系急救箱 / (美) 斯佩扎诺著；孙翼蓁，非语译.
—北京：中国青年出版社，2015.5
书名原文：Relationship Emergency Kit
ISBN 978-7-5153-3278-9
Ⅰ. ①亲…… Ⅱ. ①斯…②孙…③非… Ⅲ. ①心理学 – 通俗读物
Ⅳ. ①B84-49

中国版本图书馆 CIP 数据核字(2015)第 071079 号

亲密关系急救箱

作　　者：[美]恰克·斯佩扎诺博士
译　　者：孙翼蓁　非语
责任编辑：吕娜　张瑾

出版发行：中国青年出版社
经　　销：新华书店
印　　刷：三河市君旺印务有限公司
开　　本：880×1230　1/32 开
版　　次：2015 年 5 月北京第 1 版　2015 年 5 月河北第 1 次印刷
印　　张：6.75
字　　数：100 千字
定　　价：49.00
地　　址：北京市东城区东四 12 条 21 号
中国青年出版社　网址：www.cyp.com.cn
电话：010-57350346/349(编辑部)；010-57350370(门市)

本图书如有印装质量问题，请凭购书发票与质检部联系调换　联系电话：(010)57350337

请沿虚线剪下装订寄回，谢谢！

《亲密关系急救箱》读者调查

感谢您参加本次读者调查活动，传真或邮寄此页（附购书小票）回编辑部，即可获得神秘礼品一份（数量有限，赠完为止）。参加此次活动者还将通过邮件不定期收到时尚生活编辑部最新出版信息，敬请期待！

Step1您的基本资料

姓名：＿＿＿＿＿＿＿＿ 性别：□女 □男

年龄：□20岁及以下 □20—30岁 □30—40岁 □40—50岁 □50—60岁

电话：＿＿＿＿＿＿＿＿ E—mail：＿＿＿＿＿＿＿＿

学历：□高中（含以下） □大学 □研究生（含以上）

职业：□学生 □教师 □公司职员 □机关 □事业单位 □媒体 □自由职业

Step2您对本书的评价

您从哪里得知本书的信息：

□书店 □报纸 □杂志 □电视 □网络 □亲友介绍 □工作坊 □瑜伽馆 □其他

读完这本书您觉得：

内容：□很吸引人 □还好 □枯燥（请说明原因）＿＿＿＿ □您的建议＿＿＿＿

封面设计：□够酷 □还好 □没注意 □不好（请说明原因）＿＿＿＿

□您的建议＿＿＿＿

价格：□偏低 □合适 □能接受 □偏高 □您的建议＿＿＿＿

Step3您的建议

您喜欢哪种类型的书籍：

□经管 □心理 □励志 □社会人文 □传记 □艺术 □文学 □保健 □漫画

□自然科学 其他＿＿＿＿＿＿＿＿（请补充）

您不喜欢哪种类型的书籍：

□经管 □心理 □励志 □社会人文 □传记 □艺术 □文学 □保健 □漫画

□自然科学 其他＿＿＿＿＿＿＿＿（请补充）

您给编辑的建议：＿＿＿＿＿＿＿＿

＿＿＿＿＿＿＿＿

地址：北京市东城区东四12条21号 中国青年出版社时尚生活编辑部

邮编：100708 传真：010-57350335